HAWKING ESENCIAL

HAWKING ESENCIAL

Jorge Blaschke

MA
NON
TROPPO

© 2016, Jorge Blaschke
© 2016, Redbook Ediciones, s. l., Barcelona

Diseño de cubierta: Regina Richling
Diseño interior: Regina Richling

ISBN: 978-84-15256-98-4

Depósito legal: B-17.988-2016

Impreso por Sagrafic, Plaza Urquinaona 14, 7º-3ª 08010 Barcelona

Impreso en España - *Printed in Spain*

«La magia y la religión no han cumplido las expectativas, sólo nos queda la ciencia.»

Sydney Brenner

IN MEMORIAM

A David Bohm, físico cuántico que robó al tiempo momentos de ocio para conversar con Krishnamurti de filosofía e inmortalizó estos diálogos en varios libros. Carl Sagan, que pese a su determinismo, con el que no he estado de acuerdo, supo ser científico y a la vez divulgar la ciencia en libros y programas de televisión tan instructivos como *Cosmos*. Richard Feynman, genial, transgresor de los formalismos, rebelde pero intuitivo en sus investigaciones de mecánica cuántica que le valieron el Nobel de Física; un elocuente narrador, que le gustaba tocar los bongos, descifrar textos mayas y frecuentar clubs de striptease. Al profesor Anatole Dolinoff, quien me enseñó todo sobre criogenia, mientras admiraba y disfrutaba la vida embarcándose en los experimentos más descabellados que se le ocurrían; como Stephen Hawking, fue atacado por el ELA que no pudo superar. A Charles Darwin que planteó con valentía nuestros orígenes, una verdad necesaria que Richard Dawkins tiene que defender cada día. Y finalmente a Albert Einstein que fundó las bases de una teoría que siguen en vigor y nos empuja a continuar investigando.

ÍNDICE

INTRODUCCIÓN

Este libro no es una biografía, es un resumen del pensamiento científico de Stephen Hawking que, inevitablemente, se ve salpicado de anécdotas y peculiaridades de un personaje muy singular.

Stephen Hawking no es mi ídolo preferido entre los científicos, pero sí uno de los más admirados entre los contemporáneos que sobreviven. Los he mencionado en el «In Memoriam» y sin duda destacan el genial y transgresor Richard Feynman y David Bohm. La lucha por la vida de Hawking es de admirar, a los 21 años le diagnosticaron ELA y los médicos le dieron dos o tres meses de vida. Ahora, cuando termino este libro acaba de cumplir 75 años.

Sus mayores descubrimientos los ha realizado en su silla de ruedas, entre molestias, incapacidades y, en ocasiones, dolor. Es difícil imaginar que un hombre que ha desarrollado ideas científicas de un nivel insuperable las haya podido realizar completamente impedido físicamente y que no haya sucumbido a la depresión y el deterioro psicológico mental. El Universo, la incertidumbre humana, Dios, la vida extraterrestre y los profundos temas científicos que ha desarrollado son muestra de ese esfuerzo insuperable de una mente ejemplar.

Hawking ha desarrollado las teorías más avanzadas sobre los agujeros negros, ha dictado esa breve historia del tiempo incomparable que se despliega desde el *big bang* a los agujeros negros, y también una teoría del Todo que a través de complejas hipótesis nos ofrece un recorrido por el tiempo.

Muchas de las teorías de Hawking son de gran complejidad, sin embargo trataré en la segunda parte de este libro de exponerlas de una forma accesible para todos los lectores. Sintetizar y hacer comprensible la parte más compleja de la física, la cuántica y cosmológica, es un reto y un esfuerzo, también es un riesgo que puede dar rienda suelta a la imaginación del lector, por lo que, lo importante es buscar ese equilibrio que se mueve entre lo complejo y oscuro, y convertirlo en algo comprensible y ameno para el lector.

En la primera parte el lector encontrará un recorrido por la vida de Hawking, sus estudios en Oxford y el prematuro diagnóstico de ELA, esa enfermedad aún incurable en la que un joven ruso está dispuesto a que, este año, le hagan en Italia un trasplante de cabeza a otro cuerpo, una intervención compleja y arriesgada.

Las relaciones con otros científicos también se abordan en esta primera parte, especialmente con Penrose, Guth y Thorne, sin olvidar a un contemporáneo suyo, Richard Feynman que la muerte se llevó prematuramente. La primera parte aborda una descripción de la ingeniosa silla de Hawking sin la que el científico se hubiera visto recluido y sin posibilidad de transmitir sus teorías. La silla de Hawking es un elemento vital de la vida de este científico, es su soporte de comunicación.

Finalmente hablaremos de esa ilusión de Hawking por viajar al espacio, algo que le llevó a experimentar la ingravidez a bordo de un avión de la NASA especialmente preparado para este ejercicio. También hablaremos del paso de Hawking por Starmus, en las islas Canarias, y sus advertencias sobre el peligro que representa la robótica.

La segunda parte aborda las teorías de Hawking y su relación con el mundo cuántico. Un corto repaso de las singularidades espacio-temporales en la relatividad general y sus descubrimientos teóricos sobre los agujeros negros. También hablaremos de la protección cronológica de Hawking, el *big bang*, las ondas gravitacionales y la teoría del Todo.

Esta segunda parte nos lleva a enfrentarnos con Hawking el filósofo, el pensador que nos anuncia el fin del Universo, los peligros del bosón de Higgs, y los riesgos de la humanidad ante un posible contacto con extraterrestres. En esta parte del libro encontramos al Hawking metafísico, el hombre que nos arenga para que luchemos adquiriendo más conocimientos, algo que considera imprescindible. También hablaremos de Hawking y Dios, una relación fallida por el ateísmo del primero, una postura que comparte con miles de científicos ateos que hoy son defendidos racionalmente por Richard Dawkins.

PRIMERA PARTE

En esta primera parte veremos una breve cronología de la vida de Hawking y las consecuencias de la esclerosis lateral amiotrófica (ELA) en este y otros investigadores. Asistiremos a la lucha de Hawking contra la muerte y cómo se ha valido de su famosa silla para poder seguir teniendo contacto con el mundo que le rodea. También hablaremos del inteligente humor de este científico y de cómo encaja la pérdida de sus apuestas. Explicaremos cómo se enfrentó de joven a Hoyle y cómo tiene un carácter carácter similar al del fallecido Nobel de física Richard Feynman. Expondremos las inquietudes de Hawking, algunos de sus premios y campos de investigación y su participación estrella en Starmus; así como su participación en el proyecto Breakthrouge Starshot con el fin de enviar una flotilla de mininaves a la estrella Próxima Centauri.

CAPÍTULO 1

HAWKING, BREVE HISTORIA DE SU VIDA

«*Incluso la gente que afirma que no podemos hacer nada para cambiar nuestro destino, mira antes de cruzar la calle.*»

STEPHEN HAWKING

«*He vendido más libros sobre física que Madona sobre sexo.*»

STEPHEN HAWKING

Una biografía plagada de premios

Stephen Hawking es el científico más conocido del mundo junto a Einstein. Sin duda uno de los físicos teóricos más brillantes del mundo, pero desde hace años padece Esclerosis Lateral Amiotrófica (ELA), enfermedad degenerativa neuromuscular debido a la muerte de las motoneuronas. En el caso de Hawking las funciones cerebrales y su inteligencia se mantienen inalteradas, tampoco resultan afectadas la visión, la micción y la defecación.

Hawking ha resuelto muchos de los principios de los agujeros negros, como su velocidad de evaporización en un agujero negro de Schwarzschild, la ley que determina que la temperatura de un agujero negro es inversamente proporcional a su masa, etc.

En 1974 Hawking concluyó que los agujeros negros debían crear y emitir térmicamente partículas subatómicas, hecho que, más adelante, se denominó radiación de Hawking. Cosmológicamente, Hawking, ha propuesto la posibilidad de que el Universo no tenga borde ni límite en el tiempo imaginario.

También formuló la conjetura de protección de la cronología que propone que las leyes de la física impiden la creación de una máquina del tiempo en la escala macroscópica. Esta protección cronológica evitaría las paradojas que se han creado de los viajeros del tiempo, como el que viaja al pasado y mata a su abuela antes de haber nacido su madre y regresa. La conjetura de Hawkins aún sigue creando una gran cantidad de polémicas. Sus ideas se han llegado a relacionar con los Universos paralelos, de forma que el viajero que viaja al pasado y mata a su abuela lo hace en un determinado Universo, pero en otro la abuela sigue viva.

Ya he explicado que este libro no es una biografía de Hawking, y que me centro más concretamente en sus teorías científicas. Es el pensamiento de Hawking lo que nos interesa, por esta razón la cronología que sigue a continuación es sólo un breve bosquejo de la vida de este gran científico.

En 1963 se le diagnostica la Esclerosis Lateral Amiotrófica (ELA) que lo lleva a una silla de ruedas de por vida.

BIOGRAFÍA CRONOLÓGICA

1942. Nace en Oxford, un 8 de enero.

1953-1958. Asiste a la escuela St. Albans en el norte de Londres.

1959-1962. Se especializa en física en la Universidad de Oxford. Su inteligencia avanzada hace que en su primer curso se encuentre solo y aburrido: lo que impartían los profesores era muy fácil para él.

1960. En su segundo año llegó a incluirse en un equipo de regatas de remo. Con Penrose trabaja en la relatividad y también en la existencia de una singularidad espacio-temporal en el espacio-tiempo.

1962. Se marcha de Oxford para hacer el doctorado en Cambridge.

1963. Comienza sus investigaciones en cosmología y en la relatividad general en la Universidad de Cambridge. Es en este año cuando se le diagnostica la Esclerosis Lateral Amiotrófica (ELA). La enfermedad y la visión de la muerte cambiaron su vida. La enfermedad mermará su movilidad, hasta casi reducirla, pero no su capacidad intelectual que permanecerá activa.

1970. Descubre mediante el uso de la teoría cuántica y la relatividad general, que los agujeros negros pueden emitir radiación. Pese a su enfermedad, centra la mayor parte de su tiempo en investigar el espacio-tiempo descrito por la teoría de la Relatividad General.

1973. Se une al departamento de matemáticas aplicadas y física teórica en Cambridge.

1974. Sus descubrimientos más importantes sobre agujeros negros se publican en la revista *Nature*, en un artículo titulado: «¿Explosiones en los Agujeros Negros?». Es elegido miembro de la Royal Society. Este mismo año empieza sus visitas al Instituto Tecnológico de California para trabajar con Kip Thorne. Calcula que los agujeros negros debían crear y emitir partículas subatómicas, lo que hoy se denomina «radiación Hawking», efecto que se produce hasta que se agota esta radiación y la energía se evapora.

1975. Analiza las emisiones de rayos gamma y anuncia que después del *big bang* se crearon diminutos agujeros negros. Con Bardeen y Carter crea cuatro leyes de la termodinámica de los agujeros negros.

En **1974-1975** crea con James Hartle un modelo topológico con un Universo sin fronteras en el espacio-tiempo, reemplazando la singularidad de los modelos clásicos que son consistentes con un Universo no cerrado.

Con Thomas Hertog del CERN desarrolla una teoría basada en el *top down cosmology*, en la que el Universo no tiene un único estado inicial. Según esta teoría el Universo comienza con un agujero negro.

1979. Es nombrado profesor de matemáticas en Cambridge.

1982. Recibe la Orden del Imperio Británico.

1988. Publica *Una breve historia del tiempo,* que aborda el *big bang* y los agujeros negros. Se trata de una introducción a las más importantes ideas científicas actuales sobre el Cosmos. El libro se convierte en éxito de ventas en todo el mundo. En *Historia del tiempo* destaca: «Si el Universo es completamente autocontenido, no tendría principio ni fin, simplemente sería. ¿Para qué, pues, un Creador?».

1989. Es galardonado con el Premio Príncipe de Asturias de la Concordia.

1993. Publica varios ensayos y una colección de artículos científicos que exploran las formas en las que el Universo puede ser gobernado.

1998. Publica un nuevo trabajo sobre el Cosmos con las bases de nuestra existencia y de todo lo que nos rodea.

2001. Publica *El Universo en una cáscara de nuez,* un libro que desvela los misterios de los recientes avances en la física. También publica *A hombros de gigantes*.

2002. Publica obras de física y astronomía, una exploración de algunos de los grandes visionarios de la historia de la ciencia incluyendo Copérnico, Kepler, Galileo, Newton y Einstein. Así como *La Teoría del Todo: El origen y destino del Universo*, un libro que presenta las más complejas teorías de la física pasada y presente.

2004. Hawking anuncia que ha resuelto la paradoja de los agujeros negros, lo hace en la conferencia internacional sobre la relatividad general y la gravitación en Dublín.

2005. Se publica *Dios creó los números enteros* y *Brevísima historia del tiempo*.

2006. Es galardonado con la medalla Copley.

2007. Se inaugura en el Centro de Cosmología Teórica de la Universidad de Cambridge una estatua de Hawking realizada por el artista Ian Walters. Hawking despega del Centro Espacial Kennedy en Cabo Cañaveral a bordo del G-Force One, un Boeing 727-200 donde experimenta el estado de ingravidez.

2008. Hawking excluye, por primera vez, a Dios de la creación del mundo. También advierte de los peligros de la mani-

Stephen Hawking, que pasó parte de su vida reflexionando sobre la gravedad, experimentó el estado de ingravidez en el G-Force One, un Boeing 727-200.

pulación del genoma humano y de la aparición de superhumanos que crearán una nueva civilización desplazando a los seres actuales. En una entrevista, Hawking incide que las leyes que rigen la ciencia «no dejan mucho espacio para milagros o para Dios». Luego recalca: «La cuestión es: ¿el modo en que comenzó el Universo fue escogido por Dios por razones que no podemos entender o fue determinado por una ley científica? Yo estoy con la segunda opción».

2009. Es galardonado con la Medalla Presidencial de la Libertad, el más alto honor civil en los Estados Unidos. Sufre un derrame cerebral relacionado con el ELA.

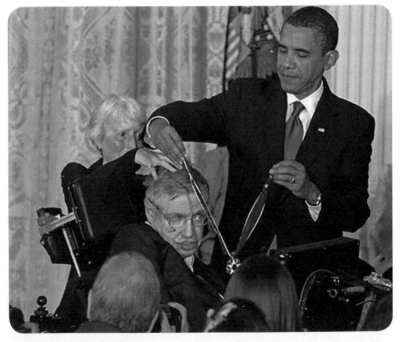

De manos de Barack Obama, el científico Stephen Hawking recibiendo la Medalla Presidencial de la Libertad

2010. Hawking recibe una fuerte crítica de los líderes religiosos por sus comentarios referentes a la exclusión de Dios en el origen del Cosmos, así como creador del Universo.

2012. Participa en la investigación experimental sobre Ibraín, un monitor de ondas cerebrales que eventualmente puede permitir la comunicación basada en el pensamiento.

2014. Asiste al festival Starmus en Tenerife en el que realiza varias intervenciones. En agosto de 2014, en su viaje a España, Hawking insistiría en su condición de ateo y declaraba que el motivo de su ateísmo estaba en el hecho de que la ciencia era más convincente que Dios. «Soy ateo – destacaba Hawking – porque la ciencia me ha proporcionado una explicación más convincente de los orígenes del Universo.»

2015. Kip Thorne, físico teórico del Instituto Tecnológico de California, presenta en Londres la medalla Stephen Hawking de divulgación científica impulsada por el Festival Starmus. Hawking pone sobreaviso de los peligros que significarán el encuentro de nuestra civilización con extraterrestres.

2016. Hawking, que ya tiene doce doctorados *honoris causa* y numerosos premios, ante la confirmación y detección de las ondas gravitacionales, destaca que abren la puerta hacia una nueva forma de mirar el Universo.

CAPÍTULO 2

DIAGNÓSTICO: ELA

«La gente queda fascinada por el contraste entre mis limitados poderes físicos y la vasta naturaleza del Universo con que me enfrento. Soy el arquetipo del genio discapacitado.»

STEPHEN HAWKING

«Al menos mi mal no me hace sentir enfermo. Cuando tiendo a compadecerme recuerdo a un chico, compañero de habitación, que vi morir de leucemia en el hospital.»

STEPHEN HAWKING

«Mi dolencia me ha librado de aburridos comités y he podido pensar e investigar.»

STEPHEN HAWKING

DOLINOFF, SPRIRIDÓNOV Y HAWKING

Hawking padece el ELA desde los 21 años y se ha convertido en uno de los muy pocos seres humanos que ha conseguido sobrevivir tan largo tiempo.

Uno de mis mejores amigos y a la vez profesor, Anatole Dolinoff, no logró superar esta terrible dolencia. Dolinoff fue mi profesor de criogenia en París a finales de los años sesenta y principios de los setenta. Fue el fundador de la Societe Cryonics de France y miembro del movimiento Cryonics Internacional. Me contagió sus inquietudes científicas y su continuo afán por descubrir nuevas secretos de la vida y el Universo. Era un hombre con un gran sentido del humor, conocimientos y afán de vivir el presente disfrutándolo y apurándolo al máximo, hechos que me influyeron para trabajar con él en los proyectos de criogenización que me llevaron a diseñar cápsulas criogénicas, construir módulos de transporte, visitar cryptoriums, ver criogenizaciones y tener una singular conversación, en agosto de 1970, con Salvador Dalí, cuyos detalles relató en el capítulo tercero de mi libro *Inmortal: la vida en un clic*.

Me permitirá el lector que mencioné una anécdota que refleja el entusiasmo de Dolinoff por realizar experimentos y ensayos. Recuerdo el día que con gran secreto me mostró una pesada cámara fotográfica de un bombardero B-29 que había comprado en un almacén de desguace de estos grandes aviones. Me solicitó que le ayudase a realizar unas cuantas fotografías, pero el foco mínimo de aquella cámara era de tres kilómetros de distancia. De forma artesana unimos un grueso cordel realizando un nudo guía cada 25 metros, y así conseguimos poder medir la distancia que la cámara tenía de foco. Cuando lo tuvimos preparado, especialmente la cuerda enrollada en una polea, nos trasladamos a una larga playa de la costa Atlántica que estaba a más de dos horas de viaje. Montamos la cámara y yo empecé a caminar desenrollando el cordel, una caminata por la arena hasta que estuve a tres kilómetros y realice señales a Dolinoff, que me observaba con unos prismáticos y se dispuso a realizar las fotografías, justo en el momento que dos gendarmes me preguntaban qué significaba aquel sospechoso cordel extendido a lo largo de toda la playa. Mi contestación no fue la adecuada para que lo entendieran, ya que les expliqué que hacíamos unas fotografías con la cámara de un bombardero-29, y que, como volaba a más de tres kilómetros de altura el foco mínimo estaba a esos tres kilómetros. No entendieron bien, miraron al cielo y me preguntaron por dónde venía el bombardeo. Les expliqué que la cámara estaba al final de la cuerda y señalé hacia dónde estaba Dolinoff, explicándoles que era mi profesor de criogenia, palabra que aún entendieron menos, especialmente cuando les hablé de criocápsulas para congelar a -270º C a las personas. Los gendarmes me miraban con extrañeza, no sabían si estaba vacilando con ellos o era un loco que se había escapado de algún centro psiquiátrico. También observaban mi mano que sostenía casi el final del cordel del que, presumiblemente, había en el otro cabo una cámara en un bombardero B-29. Eso deduje que habían concluido ya que me ordenaron: «Vamos al bombardero».

Cuando llegue allí, los gendarmes se quedaron estupefactos al ver aquella compleja y gran cámara situada sobre unos trípodes metálicos que habíamos construido. Dolinoff les recibió sonrientes explicándoles que habían salido en una de las fotografías hablando conmigo, luego, como vio que observaban con interés la cámara y su complejo, les explicó que la cámara era de un bombardero B-29 y que el trípode lo habíamos tenido que recortar y fabricar nosotros aprovechando materiales de recortes de las criocápsulas. Para los gendarmes aquello era chino, y Dolinoff decidió mostrarles fotografías que llevaba en el coche. Pese al material gráfico aún costo una hora convencer a los gendarmes que estábamos realizando un experimento. La simpatía, entusiasmo, de Dolinoff consiguió despertar su interés por la cámara y la criogenización, así es que terminamos en una taberna del pueblo más cercano tomando todos unos vinos y cenando unos «frutos del mar», como llamaba Dolinoff al marisco.

Dolinoff murió de ELA en 1999, no quiso que le hibernasen, congelasen o le criogenizasen como tenía previsto, estaba consumido por el ELA y se lamentaba de transferir al futuro un cuerpo en estado semejante. Lamento su enfermedad y su prematura e inesperada muerte, ya que años después, un grupo de jóvenes y multimillonarios informáticos, asesorados por Raymond Kurzweil y el ruso Dimitry Itsov, ponían en marcha el proyecto *Initiative 2045*[1] y la empresa CALICO, esta última un laboratorio para desarrollar las tecnologías y biotecnologías necesarias con el fin de alcanzar la inmortalidad en el año 2045. Estoy seguro que Doniloff hubiera terminando investigando con este grupo de emprendedores.

---

1. Participan en el proyecto: Raymond Kurzweil (Universidad de la Singularidad en el MIT), Aubrey de Grey, Peter Diamandis, Richard Branson, James Cameron, Sergey Brin y Larry Page (Google), etc.

TRASPLANTAR LA CABEZA A OTRO CUERPO

Los enfermos de ELA viven generalmente poco tiempo, de ahí que Valeri Spriridónov, de treinta años de edad y enfermo de ELA, se ofreciera voluntario al doctor Sergio Canavero, del Grupo de Neuromodulación Avanzada de Turín, para que procediese a trasplantar su cerebro a un cuerpo nuevo, ya que el suyo padecía la enfermedad de Werdnig-Hoffman[2] y muy pronto se vería postrado en una silla de ruedas y en unos años más fallecería.

Valeri Spiridónov tiene 30 años y padece atrofia muscular espinal, una grave enfermedad genética le impide mover todos sus miembros excepto las manos y la cabeza.

Spriridónov, programador, se había enterado de las investigaciones de Canavero a través de Internet y estaba dispuesto a correr los riesgos de esta complicada intervención de neurocirugía, incluso tenía todo el apoyo de su familia.

Es muy posible que el citado trasplante se realice este año o en 2017, ya que un trasplante de cabeza requiere separar esta

2. Extraña enfermedad que afecta a las neuronas de la médula espinal y provoca que las personas queden completamente inmovilizadas. Para el caso de Spiridónov sus opciones de llegar a la vejez son nulas.

de un cuerpo dañado y colocarla en otro que está en buen estado. Para ello se requiere una cabeza humana en buen estado con un cerebro sano en su interior. Hasta la fecha todos los experimentos se han realizado con perros, monos y ratas. El doctor Canavero utilizará la técnica de Xiao-Ping Ren, cirujano chino que ha realizado con éxito un trasplante de cabeza de ratón, uniéndolo con un nuevo componente denominado polietilenoglicol.

La intervención comenzará con un proceso de criogenización, como los que había desarrollado Dolinoff, un sistema que enfría el cuerpo del donante y la cabeza, con el fin de producir cierto silencio químico y evitar la muerte celular. Seguidamente se procederá a separar la cabeza cortando los principales vasos sanguíneos que serán vinculados a tubos. La circulación de la sangre es vital, ya que sin ella se producirían consecuencias irreversibles en menos de cinco minutos. Los vasos sanguíneos, los músculos y la piel se suturan. Cabeza y cuerpo quedarán unidos, provisionalmente, por estos tubos. Las terminaciones nerviosas de las dos partes se conectarán por medio de polietilenglicol que actuará de conexión hasta que los tejidos se unan definitivamente.

Esta es una breve descripción del proceso que Canavero llevará a cabo y si tiene éxito en este trasplante se abrirán las puertas a un mundo de ciencia-ficción. Individuos con sus cuerpos completamente destrozados o enfermos que tienen aún una buena capacidad cerebral y quieren seguir viviendo, decidirán abandonar su viejo cuerpo y continuar indefinidamente viviendo con su cerebro. Así, el paciente, se someterá al corte de su cabeza y la extracción de su cerebro en manos de cirujanos especialistas capaces de separar el cerebro del cuerpo humano, y una vez extraído colocarlo en un tanque con una solución alimenticia, seguidamente conectar las terminaciones nerviosas del cerebro extraído a un superordenador capaz de simular una realidad aparente a través de señales concretas.

El cerebro en el tanque de mantenimiento indefinido se experimentará como una persona con su cuerpo de carne y hueso, ya que sus sensaciones y experiencias serán el resultado de las actividades neuronales y los impulsos eléctricos generados por el ordenador, uno de los caminos que proponen en CALICO.

EL DETERIORO DE HAWKING Y EL PASO DEL TIEMPO

Hawking ha conseguido llegar hasta nuestros días, con tres hijos, un nieto, esposa, exmujer y una vida de investigador que lo ha llevado a ser reconocido como uno de los genios de la ciencia. Su afección ha mermado casi toda su movilidad, sólo mueve el rostro y un poco sus dedos. Pero su capacidad intelectual y de físico teórico continúan perfectamente. En la biografía de Fergunson sobre Hawking, destaca la importancia que tuvo en su vida su primera mujer, Jane Wilde, de la que se divorció en 1991 tras 25 años de matrimonio. Jane Wilde se ocupaba de él, de los hijos y la casa, y al mismo tiempo se doctoró en Medicina, entre depresiones y alegría por los éxitos científicos de su marido. Hay que destacar que en los años ochenta sólo enten-

Mientras empujaba la silla de ruedas, Jane Wilde fue testigo de los triunfos académicos del teórico de los agujeros negros espaciales y el origen del Universo.

dían a Hawking sus amigos y familiares, hasta que una pulmonía le dejó en coma inducido y una traqueotomía, que le salvó la vida, pero lo dejó sin habla.

El ELA ha obligado a Hawking a depender de sus enfermeras las 24 horas del día. Pero eso no ha impedido que dejase de asistir a actos junto a la Reina de Inglaterra, volar en el G-Force ONE, participar en series cinematográficas como *Star Trek*, o ser uno de los personajes dibujados en los Simpson.

Pero ya hablaremos más delante de estas facetas humorísticas de Hawking y su mala racha en las apuestas.

El ELA ha mantenido en Hawking un progresivo deterioro físico que le ha obligado a comunicarse arqueando las cejas para señalar letras que le servían para construir palabras. Afortunadamente dispone de su silla, de la que hablaremos en el próximo capítulo, y un sintetizador incorporado con el que se comunica y escribe frases y está conectado a Internet y su teléfono.

Su enfermedad se desarrolló lentamente, con una pérdida gradual del movimiento de sus manos, ya que el ELA atacó a las neuronas motoras y los músculos dejaron de responder. Su forma de pensar y utilizar el cerebro, era y es capaz de visualizar y resolver ecuaciones mentalmente, le ha permitido seguir desarrollando sus brillantes teorías.

La esclerosis lateral amiotrófica (ELA)

¿Qué es la esclerosis lateral amiotrófica (ELA)? El ELA constituye un trastorno neuromuscular progresivo, es un proceso que ataca a las neuronas motoras, causa parálisis y, entre tres y cinco años, después de su aparición, la muerte. Hawking ha logrado vivir con ella más de 59 años.

Es una enfermedad en la que se han volcado numerosos programas de investigación en todo el mundo, ya que sólo en EE.UU. se diagnostican 5.000 nuevos casos cada año, lo que significa que hay un total de 30.000 pacientes en EE.UU, otros 5.000 en Reino Unido y numerosos en el resto del mundo. Son pacientes abocados a la muerte que representan un coste económico elevadísimo.

La ELA afecta a jóvenes y ancianos, se mueve entre un abanico que va de los 40 a los 70 años, con excepciones como la de Hawking que se le diagnosticó a los 21. Es una enfermedad que acabó con la vida de figuras tan conocidas como el artista inglés David Niven, el compositor Dmitry Shostakovich, el investigador Anatole Dolinoff y el líder chino Mao Zedong.

Se ha sospechado que podría ser algún elemento infeccioso, ya que ha aparecido en grupos de personas: jugadores de fútboles italianos; veteranos de la guerra del Golfo Pérsico, especialmente tanquistas; habitantes de la isla de Guam, etc.

La ELA es una enfermedad devastadora en la que el cuerpo se atrofia mientras el enfermo, con unas funciones cerebrales que permanecen intacta, ve aquel terrible proceso de-

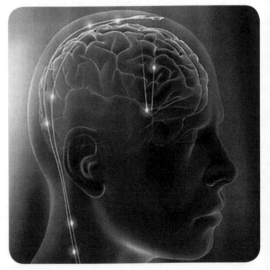

La esclerosis lateral amiotrófica es una enfermedad de las neuronas en el cerebro y la médula espinal que controlan el movimiento de los músculos voluntarios.

generativo de su cuerpo. Empieza por una debilidad en sostener objetos, continuos tropezones, fatiga en los brazos y las piernas, tics nerviosos y dificultad para hablar. Una debilidad muscular que cada vez impide más a los afectados valerse por sí mismos. Hasta que no pueden digerir la comida y precisan ventilación mecánica.

¿Es una enfermedad hereditaria? Al principio se pensó que sí, pero sólo un 5 o un 10 por ciento de los casos son hereditarios. Por otra parte la ELA, por razones que se desconocen, no ataca a los sentidos: vista, oído, tacto, olfato, gusto.

Así tenemos como Hawking controla los músculos oculares, algunos dedos de la mano derecha y las cejas. Claro que ya hemos dicho que Hawking es una excepción en la resistencia de la enfermedad.

¿Cómo se tratan los enfermos de ELA? Es difícil prescribir un medicamento efectivo, hasta ahora se ha utilizado el *riluzol* que ha servido para prolongar la vida algunos meses más, ya que esta molécula bloquea la liberación de sustancias nocivas para las neuronas motoras.

La medicina actual, al no encontrar remedio para detener la enfermedad, ha optado por buscar sus causas que pueden ser muy variadas: agentes infecciosos, disfunciones en el sistema inmunitario, herencia, sustancias tóxicas, desequilibrios metabólicos, y un gen (SOD1) que codifica una enzima que protege a las células del daño que causan los radicales libres. Pero este último descubrimiento sólo parece representar el 2% de todos los casos. En cualquier caso se estudian sus mutaciones.

No cabe duda que ahora sabemos mucho más sobre el ELA, aspectos que nos dice dónde ataca, cómo lo hace y posibles terapias. Los especialistas han cultivado neuronas motoras sanas que poseen su prolongación axonal, y neuronas que se están muriendo en las que el axón adopta una forma atrofiada.

UNA MEDICINA PERSONALIZADA

Si bien es cierto que la ELA varía de un paciente a otro, siempre parece que afecta a neuronas motoras superiores e inferiores, la superiores en la corteza motora del cerebro con axones que se extienden hacia el tronco encefálico o la médula espinal, desde donde los impulsos nerviosos se propagan hacia las neuronas motoras inferiores cuyos axones transmiten las señales a los músculos que realizaran los movimientos.

¿Qué destruye las neuronas y atrofia su axón? La realidad es que hay muchas causas, como la propia liberación en las sinapsis de un exceso de neurotransmisores que provocan la muerte celular. También puede darse el caso de que una célula glial produzca toxinas que dañan las neuronas motoras o que llegue a estrangular el axón; la misma activación de enzimas puede fragmentar a otras proteínas o el mal funcionamiento de los proteosomas, que operan a modo de sistema de recogidas de basura en la célula pueden realizar su función mal y producir una acumulación letal de desechas proteicos. Sé que todo esto es complicado de entender, pero el mismo porqué de todos estos procesos se convierte en un galimatías sin respuestas para los propios neurocientíficos. El cerebro, en el que hay investigaciones en curso en las que se han realizado grandes descubrimientos, es una asignatura pendiente. Si el lector tiene interés en comprender algo más sobre el cerebro de una forma didáctica le aconsejo lea mi libro *Cerebro 2.0* en esta misma editorial.

¿Qué nuevas terapias se aplican? La ELA no tiene una terapia concreta, cada enfermo precisa un tratamiento personalizado, dado que las causas, como hemos explicado antes, son también muy diferentes, aunque el objetivo final de la ELA sea la destrucción de neuronas motoras.

Se ha comprobado, en algunos casos, que el factor de crecimiento insulínico de tipo 1 y otras proteínas protegen a las neuronas motoras, se ensaya con inyecciones directas o vectores víricos. También se ha observado que compuestos como el resveratrol de la uva negra, protege las neuronas. Otro tratamiento sería a base de células madre injertadas, ya que pueden estimular el crecimiento de las neuronas dañadas, en este caso se ha visto en ratones que las células madre migran hacia las regiones donde se alojan las neuronas lesionadas. Finalmente está el tratamiento a base de hebras sintéticas de ARN que interfieren con la producción de proteínas tóxicas en las neuronas y en las células gliales.

Como se aprecia existen diferentes posibles terapias para frenar el avance de la ELA, pero lo que se persigue es algo definitivo que, ante los primeros síntomas de la enfermedad, sea por la causa que sea, detenga el deterioro de las neuronas motoras.

CAPÍTULO 3

UNA SILLA MUY ESPECIAL

«*El único problema es que me da un acento americano, pero la compañía está trabajando en una versión británica.*»

STEPHEN HAWKING refiriéndose al traductor de su silla.

«*Las personas discapacitadas deben concentrarse en lo que sí pueden hacer.*»

STEPHEN HAWKING

«*Todos nosotros estamos bastante discapacitados a escala cósmica. ¿Cuál es la diferencia entre algunos músculos más o menos?*»

STEPHEN HAWKING

«Brain-computer interface» (BIC)

En la actualidad existe un gran número de laboratorios que están desarrollando toda clase de dispositivos que faciliten la comunicación de los enfermos de ELA y otros tipos de parálisis.

Se han conseguido instrumentales que procesan las señales que emite el cerebro, este procedimiento permite que el enfermo pueda comunicarse, de una manera básica, con un ordenador, e incluso controlar un prótesis como una mano artificial.

En algunos casos los BIC precisan actuaciones invasivas del cerebro, como la colocación quirúrgica de electrodos en su interior. Estos electrodos interpretan las señales emitidas por grupos de neuronas motoras, ubicadas en la corteza cerebral, uno de los centros de control de movimientos que tiene el cerebro.

Los BIC no invasivos se basan en implantaciones de electrodos en el cráneo del enfermo, unos electrodos que recogen las ondas que produce la actividad eléctrica de las neuronas. Se ha llegado a desarrollar un BIC, basado en un teclado activado por ondas cerebrales, que opera a partir de la señal cerebral que se genera cuando algo llama la atención del enfermo, se aplica a aquellos enfermos diagnosticados de ELA.

Este sistema mencionado y desarrollado por el Centro Wadsworth del Departamento del Estado de Nueva York en Albany, controla diecisiete filas y columnas que forman un matriz de setenta y dos caracteres que aparecen parpadeando sobre una pantalla de ordenador delante del enfermo de ELA. Cuando el símbolo es adecuado, el cerebro del sujeto emite una onda característica, onda que es procesada por un ordenador y permite discernir cuál es el símbolo que el paciente quiere seleccionar.

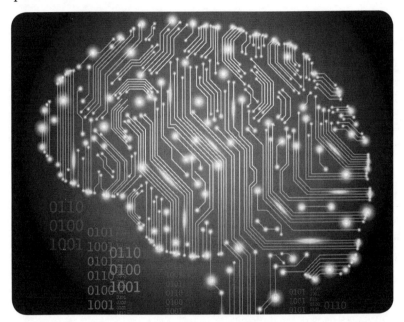

En el caso de Hawking, ya a su edad, sólo le queda una pequeña función motora, especialmente en la cara, y su conexión con el mundo es gracias a la tecnología informática que incorpora su silla.

Hawking depende del desarrollo e innovación en las nuevas tecnologías para poder comunicarse. Hasta ahora se ha valido de una contracción voluntaria en una de sus mejillas para escribir letra a letra, palabras y cortas frases. Los movimientos de la mejilla le permitían detener un cursor que se desplazaba continuamente sobre un abecedario que aparecía en la pantalla. En la actualidad, ya no puede realizar esta función tan rápido como lo hacía antes y sólo puede comunicarse a un ritmo de una palabra por minuto.

En 2011, Hawking se puso en contacto con Intel para buscar alguna solución a su precaria comunicación. A partir de ese momento la multinacional está explorando el uso de programas informáticos de reconocimiento facial que permitirán a los enfermos de ELA mejoras en su comunicación.

Se persigue desarrollar dispositivos para enfermos de ELA y gente incapacitada de mucha edad. Según detalla Justin Rattner, técnico de la compañía, la clave reside en la «percepción del contexto», una técnica que permite adelantarse a las necesidades del usuario.

Los robots actuales ya poseen una capacidad de archivar en su memoria el rostro de las personas e incluso disponer de una lista de sujetos a los que deben de identificar si se cruzan con ellos en un aeropuerto, estación o lugar donde opere el autómata. Cuando visité Pal Robotics[1] y me presentaron a su estrella robot, el Reem-C, tras saludarme y estrecharme la mano, permaneció en silencio contemplándome, y el CEO que nos guiaba me dijo: «se está quedando con tu cara, a partir de ahora cada vez que vengas te reconocerá».

1. Con la intención de recoger información para mi libro *Ponga un robot en su vida*, publicado en Redbook.

En cualquier caso la idea de Intel requiere una combinación de sensores, cámaras, acelerómetros, micrófonos, termómetros, etc., así como un programa informático muy completo.

UNA VIDA EN UNA SILLA

Cuando hablamos, el cerebro envía señales nerviosas a la garganta, en este hecho el Centro de Investigación Ames de la NASA, ha conseguido los mecanismos necesarios para que los discapacitados puedan controlar una silla de ruedas motorizada o enviar sus pensamientos a un sintetizador de voz. Con electrodos adosados a la piel de la garganta, sólo pensando, se puede manejar una silla hacia varias direcciones. Lamentablemente en Hawking no funcionó este sistema, no era el interface adecuado.

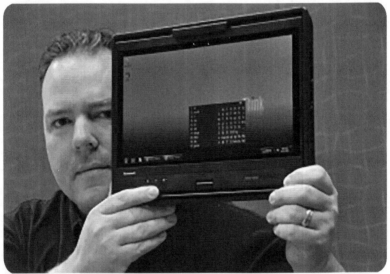

Un sistema desarrollado por Intel permite a Stephen Hawking transmitir sus pensamientos más rápido.

En cualquier caso Hawking controla todas las funciones de su tablet PC Windows con un solo interruptor, ya que su PC emplea una interface denominada EZ Keys, que escanea cada letra del teclado en pantalla. Cuando Hawking mueve la mejilla, un sensor detecta el movimiento y se detiene el escáner seleccionando la letra. De esta misma manera pasa de un botón del menú al siguiente, permitiéndole controlar su correo electrónico. El sistema le permite realizar llamadas con Skype. Pero nada puede evitar que la velocidad de tecleo de Hawking haya disminuido, algo que los técnicos de Intel van solucionando compensando este hecho con la utilización de algoritmos adaptados al vocabulario y estilo de Hawking.

La silla que utiliza Hawking está dotada de un alto grado de tecnología. Así lleva incorporado un sintetizador de voz en la parte trasera, que convierte el texto escrito en la voz electrónica de Hawking. Un sensor de infrarrojos en sus gafas se encarga de detectar cuando Hawking mueve el músculo de la mejilla. La pantalla legible con la luz solar permite redactar conferencias y leer el correo. Se trata de un portátil convertible, un Lenovo ThinkPad X230t, que lleva incorporado un procesador Core i7 que controla todos los sistemas de la silla. Hawking, con un mando a distancia por infrarrojos, puede accionar la TV, música, luces y puertas de su casa y del trabajo. La base de la silla lleva una caja periférica que tiene un concentrador USB, un amplificador de audio y reguladores de tensión para otros sistemas. Finalmente está la alimentación baterías de la silla, sistema informático y una batería de repuesto.

CAPÍTULO 4

EL HUMOR DE UN GENIO

El presidente Obama a Hawking: «*Vamos a volver a enviar astronautas a la Luna.*»

Hawking contestándole a través del traductor de la silla: «*Por qué no envían políticos, es más barato porque no hay ninguna razón para traerlos de vuelta.*»

Un alma perfecta que vive en un cuerpo imperfecto

El estilo del humor de Stephen Hawking prevalece pese a sus 75 años y la terrible ELA. Ejemplo de ello lo tenemos en su vista a las Islas Canarias en septiembre de 2015, invitado por los organizadores de Starmus, evento del que también hablaremos en esta primera parte.

Los asistentes que se cruzaban con él, en el paseo marítimo de la playa del Camisón (Tenerife), se sorprendían de que a través de su sintetizador de voz les saludase con un «*Merry Christmas*», hecho que arrancaba las carcajadas de los turistas que se sorprendían de su sentido del humor. Hawking no descansaba en saludar a todos los que se detenían para verlo pasar, exclamando: «Es Stephen Hawking», a lo que el físico respondía sin cesar: «*Merry Christmas*». Una broma para hacer reír a la gente y, en su interior, reírse él también.

Ya de pequeño era imaginativo, locuaz y cómico, estas características y su mente brillante lo convirtieron en un popular estudiante de Oxford. Pero a sus 21 años los médicos le diagnosticaron ELA y le dieron dos o tres meses de vida. Hoy tiene 75 años y, como hemos visto, indiferente a su enfermedad sigue desarrollando un buen sentido del humor.

Su humor me recuerda al de los malogrados Carl Sagan y Richard Feynman, genios en ambos casos, pero también con un gran sentido del humor. Se afirma que sólo las personas inteligentes tienen sentido del humor, es esta una afirmación con la que estoy de acuerdo, y añadiría que algunos animales también tienen su especial sentido del humor, me refiero a chimpancés y delfines concretamente, con los que he vivido experiencias graciosísimas y he visto documentales en que demuestran esta capacidad.

Ferguson reconoce que la vida ha sido injusta con Hawking y explica que «... cuando uno lo conoce y experimenta su inteligencia y humor, se empieza a no tomarse su insólita forma de comunicarse y sus evidentes problemas físicos más en serio que él». Añade su biógrafa que Hawking nunca se ha sentido un «alma perfecta que vive en un cuerpo imperfecto».

TODO EMPEZÓ POR UN CUBILETE DE DADOS

El gran debate Einstein-Bohr fue uno de los enfrentamientos científicos más formidables que ha tenido la ciencia, dos grandes científicos frente a frente razonando sus posturas, basadas en las teorías científicas más avanzadas de la época, un enfrentamiento que muy pocos podían seguir dada la complejidad de sus argumentos. Un debate que perduró desde 1927 a 1955.

Bohr acusó a Einstein de realizar hipótesis injustificadas. Y a Einstein no le gustaba el Principio de complementariedad, ya que tenía un pensamiento determinista.

El Principio de complementariedad destaca que es inevitable asignar a las cosas pares de propiedades que parecen contradictorias, pero se manifiesta en los experimentos, una u otra, no las dos al tiempo. Por ejemplo la propiedad ondulatoria y corpuscular de un electrón. El Principio de complementariedad muestra como un electrón puede cambiar e interpretarse como onda o partícula. Este Principio afirma que la teoría corpuscular y la teoría ondulatoria no son contradictorias, sino complementarias. Para John Wheeler el Principio de complementariedad de Bohr «es el concepto científico más revolucionario del siglo XX».

Einstein, determinista, panteísta y contra el azar cuántico, diría: «Dios no juega a los dados con el Universo», a lo que Bohr respondió: «Deja de decirle a Dios lo que debe hacer con los dados». Años después Stephen Hawking sentenciaría: «No sólo Dios juega a los dados, sino que a veces los arroja adonde no podemos verlos»; y un inteligente anónimo determinó: «Dios juega a los dados pero sólo cuentan las tiradas ganadoras». Un conjunto de opiniones, algunas contradictorias que sólo nos lleva a concluir que Dios es un jugador de dados como cualquier tahúr del Mississippi.

Alain Aspect en 1982 realizó un experimento con fotones correlativos y demostró, finalmente que Bohr tenía razón en el gran debate del siglo.

CUANDO LOS CIENTÍFICOS APUESTAN

A los científicos les encanta apostar, es una forma de competir entre ellos y garantizarse un premio si su experimento sale a delante o si su hipótesis se confirma. Dolinoff, del que ya he hablado antes, apostaba con sus colegas rusos buenos vodkas que luego se ingerían entre todos. Las apuestas de buen vino o champán son una envite normal entre ese mundo de la ciencia, donde los caldos de baco o champán son auténticos «Burdeos», Dom Perinong o whisky Macallan de más de 22 años. Así, los miembros del LHC del CERN celebraron el descubrimiento del bosón de Higgs bebiendo un excelente y escogido Prosecco, ese vino blanco italiano que se elabora a partir de la variedad de uva denominada Glera.

Entre las apuestas más sonadas está la que Michel Peskin, del Centro del Acelerador Lineal de Stanford, en California, que ganó a Sidney Drell una cena para cuatro personas por predecir, con una gran exactitud, la masa del quark top. Hawking es un gran apostador, sólo superado por el físico Richard Feynman, Premio Nobel de Física en 1965. Feynman, el creador de los diagramas con su nombre, perdió en 1957 una de las apuestas más caras que se han realizado en el mundo científico, ya que jugaba cincuenta contra uno. La apuesta era de contenido complejo para los no profesionales de la mecánica cuántica, ya que se centraba en la paridad izquierda-derecha, arriba-abajo en el mundo subatómico.

Si usted es un aficionado a realizar apuestas, hágalas contra Stephen Hawking, tiene un noventa por ciento de probabilidades de ganar, ya que el físico es conocido en este mundo del envite como un gran perdedor. Sus amigos siempre le aconsejan que no apueste porque perderá, y difícilmente encuentra compañeros de apuesta que quieran apostar a su favor. Cuando tratan de convencerlo, Hawking contesta: «Si estoy en lo cierto es que mis investigaciones son correctas, y si pierdo al menos habré ganado algunos dólares».

La más sonada apuesta que perdió fue en 1975. Una apuesta con el que es un gran amigo y, con el que ha terminado realizando el guion para una película: Kip Thorne.

Kip Thorne, es un gran especialista en la teoría de los agujeros negros y también en el controvertido tema de los viajes en el tiempo y la realidad de las máquinas que se precisarían para conseguirlo. Hawking le rebatió que Cygnus-1, una de las fuentes de rayos X de nuestro Universo, se tratase en realidad de un agujero negro. Pero con el tiempo se pudo comprobar que Cygnus era

Kip Thorne, nacido en Logan (EE. UU.) en 1940, es uno de los mayores expertos mundiales en agujeros negros.

un agujero negro. Eso significó que Hawking tuvo que pagarle la apuesta a Thorne que consistía en un año de suscripción
a la revista erótica *Penthouse*.

John Preskill apostó en 1997 a Hawking y a Kip Thorne que la información
no se pierde en los agujeros negros.

En 1997 Hawking realizaba otra de sus populares apuestas,
en esta ocasión Kip Thorne se alió con él para apostar contra
John Preskill, físico teórico del Instituto de Tecnología de California. Thorne y Hawking mantenían la hipótesis de que nada
podía escapar de un agujero negro, pero en el año 2000, Hawking cambió de parecer y, ante la idea de la radiación que lleva su nombre, admitió que se había equivocado y que, por tanto, había perdido la apuesta. Por su parte Thorne no admitió
esta derrota y que yo sepa hasta ahora aún está en deuda con
Preskill. Hawking tuvo que pagarle a Preskill una enciclopedia de béisbol.

Pese a estas derrotas, Hawking no ha dejado de apostar y perder. Su siguiente apuesta la hizo contra el físico Gordon Kane,
con el que se apostó cien dólares que el bosón de Higgs no se-

ría descubierto. El 4 de julio de 2012, el CERN, responsable de los experimentos con partículas del LHC, anunció que se había detectado el bosón de Higgs. Hawking perdía una nueva apuesta.

En el año 2000 Hawking apostó cien dólares contra el físico Gordon Kane asegurando que el bosón de Higgs jamás sería descubierto.

En la actualidad, cuando le preguntan a Thorne si sigue realizando apuestas con Hawking, destaca: «La última apuesta que hicimos fue hace diez o quince años. Ahora no hemos encontrado nada en lo que estemos en desacuerdo sobre lo que podamos apostar».

Hawking, como compañero de apuesta no es un buen referente ya que no ha ganado nunca a sus contrincantes, salvo en la ficción, y tampoco pudo recoger sus apuesta. Explicaré esta historia ya que forma parte de las apariciones televisivas de Hawking en *Los Simpson*, *Star Trek* y *Big bang Theory*. Destaca el mismo Hawking que resultó muy fácil persuadirles para participar en un episodio de *Star Trek*, los guionista temieron que un científico de la talla de Hawking se negara a aparecer en una serie de ciencia-ficción por populares que fueran sus películas. Pero el gran sentido de humor inglés del científico estuvo por encima de los prejuicios y «los que dirán». Conociendo su fama de apostador los guionistas le prepararon un episodio en el que había una escena en la que Hawking jugaba al póker contra Newton, Einstein y el Comandante Data, y en el que, contrariamente a su fama de perdedor, los ganaba a todos... pero había un problema que Hawking explica así: «les gané a todos, pero, por desgracia hubo una alerta roja en la nave y no pude recoger mis ganancias».

A Hawking no le ha importado que el dibujante Matt Groening, creador de *Los Simpson* y *Futurama*, lo caracterizase para salir como un personaje en estas series. Todo el mundo que lo ha conocido personalmente ha destacado el inteligente humor de un

Hawking es un científico tan famoso que ha aparecido como él mismo en series como *Los Simpson* y *Star trek. La nueva generación.*

hombre que, pese a las dificultades en comunicarse, se tome sus problemas físicos sin ninguna seriedad.

Hawking forma parte de la cultura popular, es un icono, y ya hemos leído en la frase que encabeza este libro como, con un elegante sentido del humor inglés, contesta al presidente de Estados Unidos, Barack Obama, cuando este le comenta en tono serio y respetuoso, sabiendo el gran interés que tiene este científico por el espacio, la noticia de que Estados Unidos va a volver a enviar astronautas a la Luna, y Hawking le arranca una sonrisa a Obama contestándole: «Por qué no envían políticos, es más barato porque no hay ninguna razón para traerlos de vuelta a la Tierra». Si contemplamos el panorama político de muchos países, especialmente España, verdaderamente Hawking está lo cierto, y hay muchas razones para enviar a algunos políticos a la Luna y muy pocas para traerlos de regreso.

«HAWKING ES UN TIPO MUY FUERTE»

Su humor le lleva, como a un niño, a disfrutar de actividades que no pueden realizar otros científicos, como experimentar la gravedad cero. Otros, como mucho, pueden subir en atracciones como *El martillo* o *La montaña rusa*.

Hawking siempre ha manifestado su gran interés por viajar al espacio. El no poder haber sido astronauta es una frustración de la que siempre se lamenta. Posiblemente si no hubiera sido víctima del ELA, habría formado parte de los astronautas de la NASA.

Hawking quiso realizar una experiencia más fuerte que la «montaña rusa» y, a sus 65 años, accedió a volar en el G-Force One, preparado para entrenar astronautas que deben viajar al espacio, en diferentes estados de ingravidez. El vuelo de Hawking fue una concesión que le hizo la NASA por sus tantas contribuciones científicas que ha realizado a esta agencia del espacio.

El G-Force One, es conocido en la jerga de los astronautas como el «vomit comet», dado que consigue que muchos futuros viajeros del espacio sufran una vomitera durante sus entrenamientos. Se trata de un Boeing 727-200 con sus techos y paredes acolchadas que vuela en parábolas como los viajes por una montaña rusa. En un vuelo de rutina, es decir, el normal para entrenamientos, realiza unas quince parábolas. Las dos primeras parábolas emulan la situación en Marte de un astronauta, con una «g» que es un tercio de la terrestre. Luego realiza tres parábolas más que sitúan a los astronautas en la Luna con una gravedad que es un decimosexta de la terrestre. Las otras diez parábolas mantienen a los astronautas en gravedad cero.

En abril de 2007, Stephen Hawking se presentaba con su mono azul de vuelo de la NASA ante unos escasos medios informativos que normalmente están en el Centro Espacial Kennedy, en Cabo Cañaveral. Acompañado de cuatro médicos y dos enfermeras, el científico anunciaba la experiencia que lo llevaría a un estado de ingravidez, y recalcaba: «... estoy muy entusiasmado. He estado en esta silla de ruedas durante casi 40 años y flotar libremente en la gravedad 0 será maravilloso», y se despidió exclamando: «¡Espacio, allá voy!».

La experiencia de Hawking en el G-Force One, fue grabada y en ella vemos a Hawking sonriente y feliz. El Boeing 727-200, por razones que no se detallaron, sólo realizó 8 parábolas de unos 25 segundos cada una, en las que el cuerpo de Hawking sintió, por primera vez, la libertad total.

Uno de los especialistas del ejército que compartió la cabina acolchada con Hawking diría al regreso: «Es un tipo muy fuerte». Otro oficial añadiría: «Estuvo todo el tiempo sonriendo». Y Hawking, al regreso destacaba lleno de entusiasmo: «¡Fue asombroso! ...podía haber seguido sin parar». Fue tras estas palabras cuando anunció la necesidad de viajar al espacio ya que nadie garantizaba que la Tierra perdurase siempre, pero este es un tema que ya veremos en la segunda parte de este libro. Hawking también anunciaba su pretensión de volar en la nave que estaba construyendo Virgin Galactic, de Richard Branson. Ese proyectado de vuelo suborbital y turístico no se ha podido realizar hasta la fecha, ya que la nave Virgin Galactic sufrió un accidente, mortal para el piloto de pruebas, y el programa de vuelos suborbitales se vio retrasado. Tampoco se sabe si Stephen Hawking estará en condiciones físicas de volar, ya que su médico le ha prohibido la utilización de aviones en sus desplazamientos, y Hawking tuvo que ir en barco a Canarias en el último Starmus.

Virgin Galactic, la empresa de Richard Branson, planea proporcionar vuelos espaciales suborbitales tripulados, lanzamientos suborbitales para misiones científicas y lanzamientos orbitales para satélites pequeños.

Hawking siempre ha mostrado su interés en los viajes espaciales y en la necesidad de explorar otros planetas, ya que, como hemos dicho, cree que la Tierra no durará siempre, y que en caso de una catástrofe global hay que estar preparados para que, por lo menos unos pocos, puedan abandonar el planeta, instalarse en otro lugar, y preservar la raza humana.

CAPÍTULO 5

EL ENTORNO DE HAWKING

«*Stephen Hawking y yo estamos escribiendo una nueva película.*»

KIP THORNE

«*Somos prisioneros de nuestra propia arquitectura neuronal. Podemos visualizar algunas cosas, pero hay otras que no podemos imaginar.*»

KIP THORNE

Feynman versus Hawking

Me decía un periodista que se dedica a la divulgación científica y a veces también pseudo-científica, que Hawking podía exponer las teorías más descabelladas porque, dada su condición física, ningún otro científico se atrevía a contradecirle. Me pareció un comentario cruel, primero porque ninguna de las teorías de Hawking es descabellada, y segundo porque no se ha podido demostrar que fuesen falsas. Continuaba comentándome este periodista que, corroboraba lo que él me decía, el hecho de que Hawking no había ganado nunca el Nobel de Física y tampoco estaba propuesto para este galardón. Es cierta su primera afirmación, desconozco la siguiente, pero estoy seguro que cualquier día se valorarán los descubrimientos de Hawking y que este científico será galardonado.

En este capítulo hablaré de las relaciones con otros científicos y de algunos con los que no llegó a tener trato. Entre estos últimos está Richard Feynman, al que menciono no sólo porque es mi favorito entre todos los científicos del siglo XX, sino porque estoy seguro que si no hubiera tenido una muerte prematura, sería uno de los grandes genios de nuestros días, y a la vez, amigo de Hawking.

Me permitirá el lector que explique, extendiéndome sólo un poco, algo sobre Feynman, destacando inicialmente que mi admiración por él es debida a que no sólo era un científico reputado, sino un brillante pedagogo, un hombre que sabía explicar delante de sus alumnos y hacer entender los conocimientos más complejos, una virtud que muy pocos tienen.

Richard Feynman, Nobel de Física 1965, es uno de los científicos más geniales y extravagantes que han existido. Participó en el Proyecto Manhattan que enriqueció de anécdotas burlando los Servicios de Seguridad y las claves secretas en las entradas y salidas del complejo; es el padre de la electrodinámica cuántica o QED; creador de los diagramas de su nombre en los que se pueden apreciar las interacciones de las partículas; pionero de la nanotecnología y de las computadoras cuánticas; elegido por la NASA para desvelar las causas del accidente del transbordador espacial Challenger, unas causas que resolvió originalmente aunque no gustaron los métodos y comentarios que vertió en su informa donde acuso a la NASA de falta de seguridad.

Por sus trabajos en electrodinámica cuántica, en 1965 Richard Feynman fue galardonado con el premio Nobel de Física, junto con Shin-Ichio Tomonaga y Julian Schwinger.

Feynman fue un cerebro privilegiado, un físico extravagante teórico, intuitivo que llevaba pintado en los laterales de su furgoneta sus diagramas. Era un amante del conocimiento con grandes inquietudes por el saber científico.

Feynman fue demasiado importante en sus descubrimientos para que el sistema social, político y religioso lo silenciase. Pero Feynman ha sido uno de los científicos ateos más destacados, al margen de indisciplinado y de un comportamiento descaradamente atrevido con las mujeres. Toda una serie de razones para silenciarlo en una sociedad moralmente hipócrita como la del siglo XX.

Su vida está plagada de acontecimientos que eran mal vistos por el sistema conservador de la sociedad americana. Era un científico que tocaba los bongos, que ganó un premio de interpretación de samba en el carnaval de Río de Janeiro tocando la llamada «frigideira». Feynman contrajo matrimonio tres veces y era un asiduo visitante de los locales de topless en los que apareció fotografiado en varias ocasiones, circunstancia que no le importaba lo más mínimo. Cabe destacar que también fue un buen dibujante que firmaba con el seudónimo de «Ofey».

Lo que más preocupaba al sistema del siglo XX era que se había convertido en un ídolo de la física de su tiempo. Feynman transformó nuestra visión del mundo y tuvo una profunda influencia en el modo en que los físicos pensaban acerca del Universo físico, no cabe duda que Hawking se vio, también, influenciado por sus teorías.

HAWKING DESAFÍA A HOYLE

Hoy diríamos que Feynman era un ácrata por excelencia, por su falta de respeto hacia la forma de tratar los conocimientos que había recibido. Sin una disciplina académica trataba sus investigaciones teóricas con su especial forma particular, es decir, carentes de formalismos y con enfoque altamente intuitivo. Hay que decir que su falta de formalismos y diplomacia eran una constante en él. Trataba igual a un profesor que a un alumno, y hacia caso omiso de las formas de actuación.

Pero quiero recordar aquí que el joven Hawking también tenía una terrible audacia con las grandes figuras de la ciencia. Aquellos respetados doctores, catedráticos y científicos, impecablemente trajeados y «encorbatados». Hawkin en 1964 desafió públicamente al famoso astrónomo Fred Hoyle, mientras este profesor de Cambridge daba una conferencia en la Royal Society. Hawking, aguantándose sobre un bastón se atrevió a cuestionar uno de los trabajos de Hoyle. Cuando Hoyle le solicitó los cálculos que cuestionaban su trabajo, Hawking le aseguró que los había calculado mentalmente mientras Hoyle disertaba en el acto. Podemos imaginarnos la sorpresa de los profesores asistentes, pero

Fred Hoyle formuló diversas teorías sobre el origen de las estrellas; calculó su edad y predijo la existencia de cuerpos que serían descubiertos con posterioridad.

la actitud de Hawking, y los cálculos que pudo demostrar más tarde, le reportaron la fama de genio o nuevo Einstein. Diez años más tarde era admitido en la Royal Society y en 1979 ocupaba la cátedra de profesor Lucasiano de Matemáticas en la Universidad de Cambridge.

Regreso nuevamente a Feynman para quien el mundo, privado y profesional, era un juego enormemente divertido, un lugar fascinante, lleno de misterios, extrañezas, oscuridades y desafíos. Hechos que le llevaron a investigar sobre el país de Tuvá en Asia Central y descifrar los textos mayas.

Fue un iconoclasta que trataba a la autoridad académica con una gran falta de formalismos, una postura carente de paciencia para soportar estupideces, de la misma manera que rompía las reglas cuando las encontraba arbitrarias o absurdas, hecho que nos recuerda al comportamiento de Hawking frente a Hoyle.

Sus clases en Caltech son leyenda, ya que las impartía brillantemente, con genialidad, informalidad, falta de convencionalismos y humor. De sus clases salió una nueva generación de físicos. Feynman sabía seducir a sus alumnos con ingenio e historias ejemplarizantes, tanto de historia antigua como de Daniel el Travieso. Todo con el objetivo de llevar a su auditorio al mismo corazón del misterio cuántico.

Para Feynman el aula era un teatro, un escenario que le encantaba y por el que se movía agitando los brazos. Cómo lo describió *The New York Times,* era «una combinación imposible de físico teórico y artista de circo, todo movimiento corporal y efectos de sonido». Nadie, ni los profesores ayudantes, sabían lo que iba a exponer hasta que estaba en la tarima con el aula lleno de estudiantes.

Destaca David L. Goodstein, del Instituto Técnico de California, que había tres razones para que Feynman impartiera clases en Caltech. Una era que le gustaba tener audiencia, otra era que se preocupaba por los alumnos y consideraba que enseñarles era algo importante; y la tercera era el desafío que suponía enseñar física tal como él la entendía. No sólo consiguió estas razones sino que benefició a sus colegas y profesores con una enseñanza genial y entusiasta.

Cabe resaltar que Hawking, si bien no puede impartir una clase, si puede enseñar sus ideas a través de libros que, con gran sencillez, han explicado los temas más complejos e increíbles. Cuando 2015, en Starmus, Festival de la Ciencia del que hablaremos en el próximo capítulo, se le pregunto a Hawking sobre esa vida que llevaba plagada de conferencias, entrevistas y viajes, respondió: «Siento el deber de informar a la gente sobre la ciencia».

Un apunte final con los paralelismos entre Hawking y Feyman. Fernández-Rañada, a quien le cuesta admitir el ateísmo de muchos científicos, apunta que Feynman era agnóstico pero abierto a la religión. Discrepo ya que Feynman se describió a sí mismo como «ateo declarado». Fernández-Rañada destaca que la visión de los átomos en un microscopio era una experiencia religiosa para él. Personalmente creo que lo que Feynman intentó explicar es que era un visión plena de iluminación, tal vez panteísta.

Richard Feynman era ateo como lo fue Einstein y Russell, y lo serían Higgs, Bill Gates, Arthur C. Clark, Noam Chomsky, Pauling, Carl Sagan, Isaac Asimov, Rupert Sheldrake, el propio Hawking y Dawkins, por citar unos pocos[1].

La época en que vivió Feynman no era sencilla para los no creyentes en Estados Unidos, donde la creencia en Dios era fundamental, como los principios patrióticos y la familia. Los no creyentes eran vistos como comunistas y marxistas, los grandes enemigos de la democracia y los valores de los Estados Unidos. Ya hablaremos en la segunda parte de este libro de los problemas que ha tenido y tiene Hawking por sus posturas religiosas.

KIP THORNE Y HAWKING

Uno de los amigos de Feynman es Kip Thorne, admirador también de Thomas Kunh que entendió bien lo que se esconde tras los paradigmas científicos. Thorne, físico teórico del Instituto Tecnológico de California, polemiza con su amigo Hawking sobre los agujeros negros, desde un punto más filosófico. Para Everett el estar dentro o fuera de un agujero negro, o caer o no caer, es una forma de pensar que resulta incorrecta. Thorne cree que no debemos de imaginar que algunas cosas ocurren fuera del horizonte de sucesos y otras suceden dentro. Para Thorne eso es la descripción de un mismo fenómeno y hay que elegir entre una u otra, lo que implica que hay que desechar que un bit de información se encuentra en un lugar determinado.

---

1. El lector encontrará en los anexos una lista de los principales científicos y otros personajes conocidos que son ateos.

Thorne es un experto en agujeros negros como lo es Hawking, pero a la vez quiere ser muy pragmático y siempre recuerda que Feynman odiaba, como él, la filosofía, pero él que le conocía sabía que tenía una faceta filosófica muy profunda; tan profunda como la que yo creo que tiene Thorne cuando destaca que «la gente piensa que la cien-

cia tiene leyes fijas e inmutables, y que se demuestran con los experimentos que se realizan. Pero el proceso real de la ciencia es tan humano, caótico y controvertido como cualquier otro».

Thorne destaca siempre las diferencias entre su cerebro y el de Hawking, advierte de antemano que su cerebro es más o menos similar al de Hawking, pero no tan bueno. Destaca al describir la mente de Hawking: «Hawking piensa en las cosas físicas y geométricamente, no en términos de ecuaciones, y pude manipular los conceptos de la física en su cabeza en forma de imágenes geométricas y realizar grandes descubrimientos de este modo».

Thorne y Hawking preparan una película juntos, por ahora un secreto que se lleva bastante bien guardado. El primero ya tiene experiencia desde que asesoró al director cinematográfico Christopher Nolan en *Interstellar,* una cinta de ciencia-ficción que nos lleva al complejo mundo del viaje a través de los agujeros de gusano. Hay que destacar también que a mediados de diciembre de 2015, Thorne estuvo en Londres para asistir a la presentación de la medalla Stephen Hawking de divulgación científica, impulsada por el Festival Starmus.

Hawking es el hombre de las ideas, imágenes que más tarde corroboran otros investigadores que le ayudan e interpretan las teorías de esta mente tan privilegiada. Un ejemplo de ello es la llamada radiación Hawking en los agujeros negros. Sabemos que en el vacío se crean partículas y antipartículas que se aniquilan inmediatamente. Pero si esto acaece en el horizonte de sucesos de un agujero negro, una de las partículas lo atraviesa sin posibilidades de regreso, la otra escapa convertida en una partícula real, componiendo lo que se denomina radiación de Hawking. Años más tarde, Daniele Faccio, doctor en Fotónica Cuántica y Ciencias, y sus colaboradores publicaban en *Physical Rewiew Letters*, la posibilidad de haber detectado la radiación de Hawking, de ser verdad y no tratarse de otro mecanismo de emisión desconocido, el equipo de Faccio convertiría a Hawking en candidato a recibir el Nobel. Hablaremos nuevamente de este tema al tratar los agujeros negros en la segunda parte.

FRED HOYLE Y ROGER PENROSE

No cabe duda que tuvo buenos tutores y maestros en su entorno. Hawking, al no poder ser guiado por Fred Hoyle quien mantenía un fuerte debate con otros científicos acerca del *big bang*, empezó a estudiar por su cuenta las teorías de Roger Penrose sobre la presencia de una singularidad espacio-tiempo en el centro de los agujeros negros. Sus ideas eran tan brillantes que empezó a colaborar con el mismo Penrose, y ambos confirmaron finalmente que el Universo tenía que haber nacido a partir de una singularidad porque obedecía la teoría general de la relatividad y encajaba en los modelos cosmológicos desarrollados por Alexander Friedman. Hawking y Penrose fueron galardonados con el premio Wolf en Física en 1988.

Roger Penrose es, junto al también británico Stephen Hawking, uno de los físicos teóricos más famosos y a la vez más importantes de nuestro tiempo.

Roger Penrose no era sólo un brillante físico y matemático, era también un polémico filósofo, hoy activo asesor de Calico, el arcano laboratorio de Google donde se trabaja para transferir la información de un cerebro humano a un avatar biotecnológico. Imaginen poder transferir todo la información del cerebro de Stephen Hawking a un avatar, un cuerpo nuevo, con unas características fisiológicas que le permitiesen viajar por el espacio, tal como le encantaría a Hawking, sin tener problemas con la gravedad, la radiación, la descalcificación ósea, etc. El problema más engorroso de este proyecto, Initiative 2045, es que no sabemos si al transferir la información también transferimos la consciencia, entendiendo por consciencia la mente, el sentido de existir, de ser. Roger Penrose y el doctor Hameroff, creen que mente y cerebro son dos entidades separadas. Hameroff cree que la mente o consciencia se encuentra en los microtúbulos que están en las dendritas de las neuronas cerebrales, o en el citoesqueleto celular. Mientras que Penrose apela a su teorema de la incompletitud. Teorías que en cualquier caso habrá que considerar el día que se traspase la información de un cerebro a un avatar.

MUKHANOV Y MLODINOW

El físico ruso Viaatcheslav Mukhanov, tras complejo cálculos que le llevaron más de un año, publicaba *Quantum fluctuations and nonsigular Universe,* trabajo de investigación en el que consideraba las fluctuaciones cuánticas como el origen de las galaxias. De forma independiente Hawking llegaba a la misma conclusión, destacando en su trabajo que «en el Universo recién nacido después del big bang, las variaciones a escala microscópica actuaron como semillas de las galaxias». Treinta años después que Mukhanov y Hawking expusieran esta teoría, en 1913, el satélite Planck de la Agencia Espacial Europea realizaba las medidas cosmológicas necesarias para demostrar esta teoría experimentalmente, con lo que han unificado la física de partículas con la cosmología. Era necesario dar la razón a Mukhanov y Hawking, hecho que ha sido reconocido y se les ha otorgado el premio Fronteras del Conocimiento de Ciencias Básicas. Un premio de 400.000 euros que otorga la Fundación BBVA. Mukhanov recuerda, en una entrevista a *El*

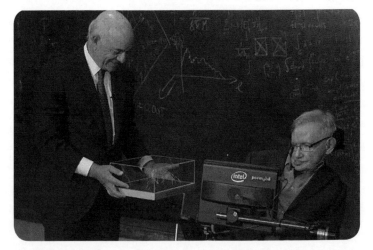

El jurado del Premio Fundación BBVA Fronteras del Conocimiento en Ciencias Básicas galardonó a Hawking y Mukhanov por haber descubierto que las galaxias se formaron a partir de perturbaciones cuánticas en el principio del Universo.

País, que Hawking y él llegaron a la idea que «*la misma física que es responsable de la estructura de la materia a escalas muy pequeñas, de los átomos, puede ser responsable también de la estructura a gran escala*».

Otro de los colaboradores de Hawking ha sido Leonard Mlodinow, físico teórico del Instituto de Tecnología de California[2], con el que ha publicado diversos trabajos y ha investigado en la escurridiza teoría del Todo, esa teoría final que habría de unificar toda la física. Hawking y Mlodinow escribieron juntos *El gran diseño*, donde argumentan que la búsqueda de una teoría final quizá no produzca un conjunto único de ecuaciones. Ambos científicos afirman que toda teoría lleva asociado su propio modelo de realidad, por lo que intentar determinar la verdadera naturaleza de la realidad quizá carezca de sentido.

2. Autor de *El andar del borracho: cómo el azar gobierna nuestras vidas* y *El arco iris de Feynman: la búsqueda de la belleza en la física y en la vida*.

CAPÍTULO 6

EL SHOW DE LA CIENCIA

«Starmus se consolida como una cámara de debate única para el futuro de la humanidad.»

STEPHEN HAWKING antes de la tercera edición de Starmus.

«Somos muy ambiciosos, queremos que cada Starmus sea histórico.»

GARIK ISRAELIAN (Director de Starmus)

«Starmus 3 es donde la ciencia seria se encuentra con un público más amplio.../... donde se explora la forma en que trabajan los científicos.

STEPHEN HAWKING en Starmus

EL INSÓLITO FESTIVAL STARMUS

Se ha definido Starmus como un festival insólito, yo diría que Starmus es un encuentro distendido de científicos en un ambiente divulgador para el público que sigue y asiste a este evento.

Los seguidores de Starmus acuden al evento para ver de cerca, saludar, fotografiar y si pueden hablar, con sus genios favoritos, con aquellas mentes privilegiadas que les han quitado el sueño con sus teorías, hipótesis y determinados teoremas por los que, muchos de los científicos asistentes, han conseguido premios Nobel en sus especialidades.

Ahora ven a sus ídolos impartiendo una charla informal con el acompañamiento de un guitarrista heavy. Las conferencias se imparten en el auditorio Magma de Tenerife, con un aforo de más de mil personas.

La realidad es que asiste mucha gente que es incapaz de reconocer a los científicos que acuden al evento. Pueden estar sentados o sentadas en la barra de un pub por la noche, escuchando a Bob Dylan cantando «...*the answer, my friend, is blowing in the wind*»[1], tener al lado al astrofísico Brian May o el Nobel de Química Harold Kroto, o el mismo Richard Dawkins, y pensar que se trata de turistas que vienen a broncear-

---

1. «la respuesta, amigo mio, está en el viento».

se en las playas de Tenerife. Destacan los organizadores que el 46% de los españoles es incapaz de nombrar a un solo científico, frente al 27% de los extranjeros. Pues bien, el festival, es un método pedagógico para que la gente conozca los nombres de aquellos que, con sus teorías, están cambiando el mundo. Lamentablemente, estos individuos que desconocen a los científicos, son capaces de recitar el nombre de jugadores de futbol de todos los equipos que están en la Liga.

Al que todo el mundo reconoce es a Hawking, quien es consciente que es su silla de ruedas y su ELA las causas de su exitoso protagonismo. Todos los turistas, cuando lo ven desplazarse arropado por sus asistentes, exclaman: «¡Mira es Hawking!». Lamentablemente, si preguntas a esos turistas qué ha descubierto Hawking o si conocen alguna de sus teorías, te encuentras con un «no» por respuesta, vamos lo que yo diría: un cero patatero

El fundador de Starmus es Garik Israelian, armenio con nacionalidad española, estudioso de los exoplanetas en el Instituto de Astrofísica de Canarias. En Starmus colaboran económicamente el Gobierno de Canarias y el Cabildo de Tenerife, así como la Obra Social de la Caixa, la empresa tecnológica Atos, el Instituto Tecnológico y de Energías Renovables.

Garik Israelian ha llevado a cabo varios descubrimientos relevantes sobre temas tales como planetas extrasolares, estrellas masivas y sistemas de agujero negro binario.

Durante una semana se reunieron en 2015 científicos, astronautas y premios Nobel en Starmus, donde hablaron entre ellos y aprovecharon para realizar esas cenas que tenían pendientes, y quién sabe si, en el transcurso de los ágapes, hicieron alguna de sus apuestas sobre sus teorías o investigaciones que tienen en curso.

El público asistente a los actos tuvo ocasión de oír a sus ídolos hablar de sus impresiones sobre el futuro que viene, sobre los futuros tecnológicos y sobre la conquista del espacio. Muchos conferenciantes accedieron a contestar las ansiosas preguntas del público y se encontraron con temas complejos de responder, como: ¿Existen los OVNI? ¿Nos espían los extraterrestres? ¿Hay peligro que los robots se alcen contra nosotros y nos esclavicen?

HAWKING, LA ESTRELLA DE STARMUS

En la segunda edición de Starmus[2], los visitantes tuvieron la oportunidad de presenciar cómo dos científicos se enzarzaron en una fuerte discusión teológica, como la que mantuvieron el astronauta Charlie Duke, que pisó la Luna y dice haber tenido una revelación de Jesús, y el Nobel de Química Harold Kroto, ateo convencido. La verdad es que la mayor parte de los científicos que arropan a Hawking son ateos, especialmente Richard Dawkins, miembro directivo del Movimiento Mundial de Ateos, de los que se calcula que hay más de mil millones, entre ellos Stephen Hawking.

El científico afectado por ELA repitió en la edición de julio de 2016, pese a los problemas que significa traerlo, dado que su médico particular le tiene prohibido viajar en avión, lo que originó que en 2015 tuviera que venir en barco desde Southampton, acompañado de su equipo de enfermeras, médicos, técnicos electrónicos y programadores que controlan su silla y equipo de comunicación. Garik Israelian, fundador de Starmus, destacó que traer a Hawking era costosísimo, ya que

2. La primera edición tuvo lugar en 2011 y fue la última aparición pública del astronauta Neil Armstrong antes de fallecer.

se corre con el gasto del crucero, ida y vuelta, y personal, estancia, hoteles, etc. Pero por ahora la organización corre con estos gastos, porque Hawking es la estrella de Starmus.

En 2016 Starmus presentó a Hawking y al polémico Richard Dawkins, cabeza visible de todos los movimientos ateos del mundo. Junto a Hawking, Starmus congrega numerosos premios Nobel, también al astronauta español Miguel López-Alegría, el canadiense Chris Hadfield, famoso por sus tuits desde la Estación Espacial, y Neil deGrasse Tyson, que presenta un programa de televisión que lo convierte en el heredero y  seguidor de Carl Sagan. Entre los astronautas se cuenta con la presencia del ruso Alexei Leónov, el primer hombre que salió fuera de su nave espacial y realizó maniobras en espacio exterior. Y entre los Nobel, el de economía Joseph Stiglitz.

HAWKING, LA DIVULGACIÓN CIENTÍFICA Y LOS EXTRATERRESTRES

Stephen Hawking ha declarado siempre que siente el deber de informar a la gente sobre la ciencia, y siempre está dispuesto a contestar a las preguntas que le hacen los medios informativos. Para Hawking «...todo el mundo puede, y debe, tener una idea general de cómo funciona el Universo y de nuestro lugar en él. Esto es lo que he intentado transmitir en mis libros y conferencias». Creo que esta postura del científico es contagiosa, es una actitud que también han tenido otros científicos e investigadores como los fallecidos Richard Feynman, Carl Sagan, Isaac Asimov, Arthur C. Clarke. En el mundo de la ciencia, alguien debe tener la locuacidad para ser el intermediario entre un mundo complejo y el ciudadano normal. Alguien debe sintetizar los descubrimientos científicos y hacerlos accesibles a todos los públicos. Hoy Hawking se ha convertido, junto a Neil deGrasse Tyson, en grandes divulgadores del mundo científico, en gente que sabe entusiasmar y crear inquietudes entre sus seguidores. Un ejemplo de esta capacidad la tuvimos en España con Luis Miratvilles y su interesante programa televisivo *Misterios al Descubierto,* programa en el que tuve ocasión de colaborar. Otro ejemplo, en nuestro país, es el también programa de televisión *Redes,* donde Eduard Punset entrevistó a los mejores especialistas del mundo en todas las disciplinas de la ciencia.

Existen temas repetitivos en los que Hawking insiste, tal vez por miedo a que no se hayan tomado sus respuestas con la seriedad necesaria. Son temas como los extraterrestres, el futuro mundo de los robots, la teoría del Todo, los agujeros negros y Dios. Temas lo suficiente importantes para dedicarles varias páginas. De todos ellos hablaremos en la segunda parte de este libro, aunque recojamos ahora algunas respuestas informales de algún tema, que Hawking ha dejado caer en Starmus.

Cuando Hawking habla de los extraterrestres lo realiza dando por hecho de que existen, a este respecto ha explicado que «...para mi cerebro matemático, pensar en la vida extraterrestre es algo del todo racional, el desafío está en saber cómo podrán ser estos extraterrestres». Siempre insiste en comparar la llegada de extraterrestres como lo ocurrido en América cuando desembarcó Colón y otros conquistadores.

En ocasiones, recreándome en el descubrimiento de América, he pensado en la impresión que pudieron tener los nativos cuando nos vieron llegar, gente que no habían visto nunca navíos tan grandes, y que de su interior veían descender hombres con cuerpos metálicos que brillaban con el reflejo del sol, algunos montados sobre extraños animales de cuatro patas. Seres que iban armados con largos cuchillos y cañas agujereadas que, tras un estruendoso sonido, eran capaces de abatir a una persona que estaba a varios metros de distancia. Para aquellos nativos era un espectáculo estremecedor, eran los propios dioses que se presentaban ante ellos haciendo gala de todo su poder.

Quién sabe si nosotros tendremos la misma impresión ante la presencia de grandes naves de las que puede que desciendan extraños seres metalizados, o pequeños «hombrecillos verdes» como los calificó un general americano advirtiéndonos de un posible encuentro con ellos.

Sobre el tema de los extraterrestres, Hawking es en ocasiones precavido con ese encuentro y le gusta advertir que: «…los extraterrestres podrían convertirse en nómadas, e intentar conquistar y colonizar todos los planetas a los que pudiesen llegar». El científico inglés no dice, concretamente, que pueden no ser pacíficos. Para Hawking, como hemos leído, cabe la posibilidad de que los extraterrestres vengan a invadirnos y destruirnos, y añade al respecto que «nos equivocamos al enviar mensajes al espacio, ya que les estamos delatando que estamos aquí y eso podría ser el fin de nuestra civilización». Personalmente pienso que es un riesgo que tenemos que asumir si queremos conocer otras civilizaciones del Universo. Sólo a través de un contacto con seres superiores conseguiremos superar los problemas que embargan a nuestra humanidad. La relación con civilizaciones más avanzadas puede significar un salto terrible en nuestra medicina, tecnología y creencias.

Los agujeros negros y la teoría del Todo, son temas que siempre aborda Hawking, posiblemente porque los medios informativos preguntan reiterativamente sobre ellos, y cuando le interrogan sobre si si alguien puede escapar de un agujero negro recuerda que «este lugar es como precipitarse por las cataratas del Niágara con una canoa: si remas lo suficientemente rápido se puede escapar».

EL PELIGRO DE LOS ROBOTS

En las próximas páginas de este libro hablaremos de la contribución de Hawking a la teoría de los agujeros negros y la teoría del Todo. Antes de pasar a la segunda parte, haré referencia a otro tema que Hawking repite con énfasis: el peligro de la robótica y las nuevas tecnologías.

Hawking destaca al respecto que «la ciencia y la tecnología están cambiando drásticamente nuestro mundo, y es fundamental asegurarse de que esos cambios se producen en las direcciones correctas». Para Hawking la sociedad tiene que intervenir en los cambios, tomar decisiones y no siempre dejarlas en manos de los expertos. El científico también pronostica que «los ordenadores superarán a los humanos gracias a la inteligencia artificial, algo que sucederá en algún momento de los próximos cien años», y recomienda a los jóvenes que «... cuando eso ocurra, tenemos que asegurarnos que los objetivos de los ordenadores coincidan con los nuestros». En mi libro *Ponga un robot en su vida,* ya expongo el peligro que puede significar la inteligencia artificial si no está dirigida hacia objetivos pacifistas. Los robots deben de estar sometidos a unas leyes, tener incluidos en sus programas unos principios humanistas. Recordemos que la inteligencia artificial lleva a las máquinas a la posibilidad de poder replicarse, por lo que es muy importante que en ese proceso sigan transmitiéndose los mismos principios y leyes que hemos programado originalmente.

No nos debe extrañar que Hawking, junto a más de mil científicos y expertos en inteligencia artificial, firmara una carta abierta contra el desarrollo de robots militares autónomos, es decir, que prescinden de la intervención humana para su funcionamiento. La carta se presentó el 28 de julio de 2015 en la Conferencia Internacional de Inteligencia Artificial que se celebraba en Buenos Aires, y en la que se presentaban más de 500 trabajos de esta especialidad.

El documento en sí no habla de drones ni misiles, sino de armas autónomas, armas que la inteligencia artificial podrá desarrollar dentro de muy poco, si no lo ha hecho ya. Un concepto que representará una tercera revolución en las guerras, después de la pólvora y el armamento nuclear.

Los militares alegan que los robots aportan la ventaja de reducir las bajas humanas en los conflictos bélicos. Un concepto más humanista nos lleva a concluir que lo que debemos de evitar en todo el mundo son los conflictos bélicos, de lo contario nos estamos justificando en una política maquiavélica. Los científicos y especialistas alegan que sólo será cuestión de tiempo que estas ramas sofisticadas lleguen al mercado negro y de ahí a los dictadores y terroristas.

En la carta firmada por Hawking y otros científicos se alerta destacando que «los robots son ideales para asesinatos, para la desestabilización de naciones, para el sometimiento de la población y los crímenes selectivos de determinadas etnias». Los firmantes proponen que la inteligencia artificial se use para proteger a los humanos, a los civiles que están amenazados por las guerras. También comparan esta carrera militar con las bombas químicas y biológicas.

La presidencia de la Confederación Internacional de los científicos ha advertido sobre los peligros de la inteligencia artificial, destacando que:«No se trata de limitar la inteligencia artificial, sino de introducir límites éticos en los robots, lograr que sean capaces de vivir en sociedad.../... estamos en contra de las armas autónomas sin control humano».

Muchos de los científicos han propuesto una moratoria en la investigación de la inteligencia artificial, es decir, detenernos todos y ver cuáles son los límites éticos. Sin embargo, una moratoria no es efectiva si no la cumplen todos los países. No se puede parar si, por ejemplo un país como Corea del Norte sigue investigando y no cumple la moratoria, ya que significaría regalarles un tiempo de ventaja. Sepamos que Corea del Norte ya dispone de robots en su frontera con Corea del Sur que disparan, indiscriminadamente, a todo lo que se mueve cerca de sus alambradas.

Desde hace varias décadas existen numerosos programas militares que ambicionan sustituir a los soldados en batalla por máquinas.

Guillermo Simari, organizador del Congreso de Buenos Aires destacaba: «Las máquinas pueden tomar decisiones con las que los humanos no están de acuerdo... se puede programar un filtro a la máquina, pero es muy fácil de quitar. Lamentablemente, para hacer una bomba atómica uno necesita uranio enriquecido, que es muy difícil de conseguir. Para programar una máquina militar basta con alguien con un ordenador escribiendo software».

La ética y los robots es un tema de debate, un tema de futuro que preocupa a Stephen Hawking y, todos sabemos, que la mente de este investigador está siempre en el futuro.

CAPÍTULO 7

VIAJE A PRÓXIMA CENTAURI

«Los humanos deben hallar hogares fuera de la Tierra para sobrevivir.»

STEPHEN HAWKING

«Nuestro planeta es un viejo mundo amenazado, con una población cada vez mayor y recursos finitos. Si la especie humana quiere sobrevivir más allá de los próximos cien años, es imperativo que atraviese la negrura del espacio para colonizar nuevos mundos a través del Cosmos.»

STEPHEN HAWKING

LA ÚLTIMA AVENTURA DE HAWKING

Cada vez que Hawking convoca una rueda de prensa, o alguien anuncia su presencia en una convocatoria, los periodistas se frotan las manos, mientras los científicos empiezan a temblar. Las declaraciones de Hawking siempre son polémicas, y si no que se lo pregunten al Vaticano que se une a los que tiemblan cuando habla Hawking.

Sus intervenciones son inesperadas, sus declaraciones inquietantes, sus hipótesis turbadoras y sus actividades pura locura. En ocasiones Hawking me recuerda al barón Münchhausen, aquel antihéroe literario, con sentido del humor, que viajó a la Luna y cabalgó en una bala de cañón. Las ruedas de prensa de Hawking dan la impresión que pretenden lanzar un mensaje filosófico radicalmente opuesto al racionalismo. A primer golpe de vista el proyecto *Breakthrough Starshot,* anunciado en una de sus últimas ruedas de Prensa, parece irracional. Y arranca expresiones de los asistentes como: «Eso es de locura», «Es imposible», «¿Cómo lo piensa hacer?». Hawking anunciaba que otros socios y él pretendían enviar una miríada de naves espaciales a Alfa de Centauri, la estrella más cercana a la Tierra.

Hawking no estaba solo en la rueda de prensa de New York el 12 abril de 2016 que se presentaba este aparente descabella-

do proyecto, le apoyaban Yuri Borisovich Milner, Mark Zuckerberg, Pete Worden, Ann Druyan, y Freeman Dyson.

Antes de hablar del proyecto *Breakthrough Starshot* con sus
pros y sus contras, voy a presentar a los compañeros de viaje de
esta luminosa idea de Hawking.

Aunque ha advertido del peligro que supondría contactar con civilizaciones
extraterrestres, Hawking ha reflexionado sobre cómo podríamos llegar a
otros planetas potencialmente habitables.

UN PUÑADO DE EMPRENDEDORES

Primero hablaremos de magnate Yuri Borisovich Milner, un
ruso nacido en 1961 en Moscú, considerada una de las cien
personas más influyentes del mundo. Con un patrimonio de
3,1 mil millones de dólares, tiene divida su fortuna en cientos
de empresas, entre ellas la fundada por él Digital Sky Techno-
logies, ahora llamada Mail.ru Group. Tiene inversiones en Facebook, Twitter, Alibaba, Planeta Laboratorios, etc. En la lista
de los 100 hombres de negocios más influyentes y poderosos
del mundo, Yuri Milner ocupa el puesto y el número 50 entre

los hombres más importantes en los negocios mundiales, y por supuesto, el primer ruso de estas listas.

Pero Yuri Milner no es sólo un hombre de negocios. Proviene de una familia de intelectuales rusos, estudió en la Universidad física teórica y se doctoró en física de partículas. Ha creado varios premios para potenciar la ciencia, entre ellos estableció el Premio Milner sobre física fundamental, dividido en tres apartados, Física Fundamental, Ciencias de la Vida y Matemáticas, cada uno dotado con 3 millones de dólares. También ha creado una Fundación contra el Parkinson y las enfermedades degenerativas del cerebro.

Su penúltima apuesta fue la inversión en 2015 de un programa científico para la búsqueda de vida en el Universo; un programa en el que interviene Stephen Hawking, Martin Rees, Frank Drake, Geoff Marcy y Ann Druyon. Realizó una inversión de 100 millones de dólares para desarrollar los equipos necesarios para la búsqueda de señales de radio y láser desde un millón de estrellas que se rastrearán. Del proyecto *Breakthrough Starshot*, hablaremos tras presentar a sus responsables directos.

Mark Zuckerberg, el fundador de Facebook, casi no necesita presentación. Destacaremos que este programador y filántropo nacido en EE.UU. en 1984, es el multimillonario más joven de la lista que presenta anualmente la revista *Forbes*. Su fortuna oscila, aproximadamente, sobre unos 34.200 millones de dólares.

Pete Worden ha sido director de en la NASA, Centro de Investigación Ames, hasta 2015. Cuándo abandonó este cargo todos se preguntaban en qué gran proyecto estaría metido, y ahora todos comprenden la dimisión. Worden no le bastaba con la NASA y precisaba un gran proyecto como *Breakthrough Starshot*. Destacaré que fue profesor de Astronomía en la Universidad de Arizona, que tiene varias medallas de la NASA y es reconocido como experto en problemas del espacio, habiendo escrito más de 150 artículos sobre astrofísica.

Ann Druyan llegó a coescribir con su pareja Carl Sagan muchos e importantes libros. También trabajó en los guiones de la famosa serie *Cosmos: Un viaje personal* y se encargó de la producción de la película *Contact*.

Ann Druyan (1949) es una conocida activista, escritora y productora de series científicas de cine y televisión, entre ellas la serie *Cosmos* que presentaba su fallecido marido Carl Sagan. Es un personaje popular al que incluso se le ha dado nombre a un asteroide, una reconocida miembro del Movimiento Ateísta. También hay que destacar que es ganadora de un Emmy en 2014.

Freeman Dyson es un gran tecnólogo del futuro. Ha trabajado en el proyecto Orión de la NASA dónde realizó un prototipo de cohete de propulsión nuclear. Tiene varios y reconocidos proyectos espaciales, como la «Esfera Dyson» para rodear una estrella y aprovechar su energía; el «Árbol Dyson» un árbol que se haría crecer en el interior de un cometa. Dyson es presidente del Space Studies Institute, ha ganado la medalla Hughes y la medalla Max Plank, así como el premio Templenton. Dyson es autor de libros tan populares como *Mundos imaginados* (1998), *De Eros a Gaia* (1991), *Perturbando el Universo* (1982) y *El infinito en todas las direcciones* (1991). En su libro

El Sol, el Genoma e Internet (1999) propone que la tecnología moderna debería ser utilizada para reducir la brecha entre ricos y pobres en lugar de ampliarla.

Indudablemente, la gente que rodea a Hawking en el proyecto Breakthrough Starshot, es de reconocido prestigio, y aunque muchos consideren que es una locura, son precisamente este tipo de locuras las que hacen progresar a la humanidad y abrir nuevos horizontes al conocimiento de nuestro lugar en el espacio.

BREAKTHROUGH STARSHOT Y LA ERA DE LOS VIAJES INTERESTELARES

En la presentación del proyecto Breakthrough Starshot en Nueva York en la fecha en la que se cumplen 55 años del primer viaje al espacio del astronauta soviético Yuri Gagarin, destacaba Hawking: «Albert Einstein una vez se imaginó cabalgando en un rayo de luz, y su experimento mental lo llevó a la teoría de la relatividad especial», dice Hawkings. «Ahora, un poco más de un siglo más tarde, tenemos la oportunidad de conseguir una fracción importante de esa velocidad, y sólo de esta manera podremos alcanzar las estrellas en la escala de tiempo de una vida humana. Es emocionante involucrarse en un proyecto tan ambicioso».

Breakthrough Starshot es una iniciativa millonaria que proyecta enviar una miríada de naves especiales al sistema Centauri, concretamente a Alfa Centauri, la estrella más cercana a nuestro planeta. Hawking está arropado en este proyecto por el ruso Yuri Milner, conocido por haber creado algunos de los premios científicos mejor pagados del mundo.

El proyecto que presentó el equipo que antes hemos citado, va a desarrollar una tecnología basada en chips de unos pocos gramos, similares a los que llevan los teléfonos móviles, que viajarán en unas nanonaves impulsadas por luz láser, lo que las facilitaría en llegar a la estrella más próxima en unos 20 años. Los chips tienen el objetivo de estudiar posibles planetas similares a la Tierra que se cree que hay en este sistema.

Hawking, en la presentación, volvió a repetir algo que ya viene diciendo desde hace tiempo: «La Tierra es un lugar maravilloso, pero puede que no dure para siempre. Tarde o temprano deberemos mirar a las estrellas.../... este proyecto es un primer paso muy estimulante– luego con un sentido más apocalíptico añade–, creo que la supervivencia de la raza humana dependerá de su capacidad para encontrar nuevos hogares en otros lugares del Universo, pues el riesgo de que un desastre destruya la Tierra es cada vez mayor».

Será un paso muy estimulante pero difícil de alcanzar, ya que es muy posible que antes de lanzar estas naves, que precisan desarrollar una tecnología, pasarán muchos años. Inicialmente la iniciativa ha sido financiada por Yuri Milner con 100 millones de dólares.

El proyecto precisa el desarrollo de una nueva tecnología, ya que con la actual se tardaría en llegar a Alfa de Centauri 30.000 años. La nueva tecnología con la que trabajan en secreto este equipo de investigadores va a conseguir que cada nave no sea más cara que un iPhone, así se podrán enviar muchas naves compuestas de chips capaces de tomar imágenes e información sobre los planetas o cuerpos estelares que se encuentran en el sistema Alfa de Centauri. Destacar que estas naves viajarán sobre velas solares propulsadas por luz, láser o fotónica solar.

Worden destacó que «nuestra inspiración viene de las naves Vostok, Apolo y otros programas espaciales... Ha llegado el tiempo de abrir la era de los viajes interestelares aunque necesitamos mantener los pies en el suelo para conseguirlo».

NUESTRO VECINO ALFA DE CENTAURI

Alfa Centauri es el sistema estelar más cercano al nuestro, un conjunto de estrellas y, por lo menos un planeta, que está situado a 4,37 años luz del Sol[1], es decir, a 41,3 billones de kilómetros. Alfa Centauri se caracteriza por tener una estrella, Próxima Centauri, que se considera el astro más cercano a la Tierra, ya que se encuentra a 4,2 años luz. El siguiente sistema más cercano a la Tierra es la estrella Barnard en la constelación de Ofiuco, a 5,97 años luz, una estrella enana roja, con dos planetas, uno girando en un periodo de 12 años y otro en 20 años.

El sistema Alfa Centauri es un sistema binario con una tercera estrella y un planeta. Alfa Centauri A y Alfa Centauri B, giran entre sí en una órbita de 79,91 años. Llegan a aproximarse hasta 11,2 UA[2], es decir, una distancia como la existente entre el Sol y Plutón. La tercera estrella gira alrededor de las otras dos en una gran órbita.

Alfa Centuri es una estrella amarilla tipo G, con un radio de un 23% mayor que el Sol. Alfa Centuri realiza una rotación so-

---

1. Un año luz equivale a $9,46 \times 10^{12}$ km o 946 730 472 580, 8 km, multiplicando cualquiera de estas dos cantidades por 4,37 obtendríamos la distancia de 41,3 billones de km.
2. Una UA (Unidad Astronómica) equivale a la distancia existente entre el Sol y la Tierra, es decir, 150 millones de km.

bre sí misma en 22 días. Suponiendo que albergase algún planeta, su zona de habitabilidad estaría situada entre 8 UA y 2,4 UA.

Con Alfa de Centauri B nos encontramos con una estrella enana naranja del tipo K, con un diámetro 0,9 el del Sol. Su zona de habitabilidad está situada entre 0,5 UA y 1,4 UA.

Finalmente tenemos a Próxima Centauri, la estrella más próxima a la Tierra, una enana roja del tamaño aproximado de Júpiter. Tiene una zona de habitabilidad que oscila entre 0,95 UA y 2 UA, a 0,04 UA, está ubicado un planeta (Bb) que tiene una masa de 113% de la terrestre. Bb orbita su estrella en 3,236 días. Sobre Bb se dispone escasa información, incluso hay astrónomos que consideran que no existe que sólo es consecuencia de espuria de datos. Para otros especialistas en exoplanetas, Bb existe pero pese a su parecido con la Tierra, su temperatura sería demasiado elevada para albergar vida, ya que alcanzaría los 1200ºC, diremos comparativamente que Venus, que es el astro del sistema solar con más temperatura en superficie, sólo alcanza los 462ºC.

La existencia de un gran planeta en un sistema planetario sugiere la idea de que también pueden existir otros más pequeños, indetectables, o lunas que tanga más probabilidades de vida que los planetas en que orbitan. Es el caso de Júpiter y Saturno, cuyos satélites ofrecen la posibilidad de tener vida biológica.

Hasta ahora la existencia de planetas en otros sistemas estelares se basaba en los métodos de vaivén de la estrella, o tránsito del planeta por delante de la estrella, o las alteraciones del campo gravitatorio y otros métodos. Con el lanzamiento del telescopio TESS (Satélite para el Sondeo de Tránsito de Exoplanetas) o el telescopio James Webb[3], se confirmarán muchos exoplanetas y se descubrirán nuevos. Tenemos que considerar que cuando observamos una estrella, solo logramos ver aquellos planetas que son grandes, en algunas ocasiones algunos como la Tierra, quiero destacar con esto que pueden existir sistemas con muchos planetas y satélites que debido a su tamaño, en muchos casos como el de la Tierra, son invisibles a nuestros instrumentos. Un astrónomo de otro sistema planetario que con un telescopio con la potencia del Hubble observara nuestro sistema solar, sólo vería, con la metodología del tránsito, a Júpiter y Saturno, el resto de los planetas y todos los satélites, incluida la Tierra, serían invisibles. Y ahora sabemos que no solo los planetas pueden albergar vida, sino también los satélites.

UNA LOCURA NO IMPOSIBLE

Cuando le preguntaron a Francis Rocard, director en el Centro Nacional de Estudios Espaciales (Cnes) en Francia, sobre el proyecto *Breakthrough Starshot* destacó: «Es un proyecto de locura, pero no es imposible».

---

3. Este telescopio está previsto que se lanzará en 2018.

La realidad es que la idea de la propulsión láser ya había sido estudiada por la NASA, pero en su momento se pensó que sólo serviría para los viajes interestelares, en aquellos tiempos no había ni proyectos ni medios económicos ni interés en ir a las estrellas. La propulsión láser parece una alternativa a la propulsión que generan los carburantes de los cohetes actuales, que por otra parte no alcanzan grandes velocidades y el viaje a Próxima Centauri representaría muchas docenas de miles de años, incluso una propulsión nuclear se convertiría en 130 años de viaje.

Existen varios métodos para estos ingenios con velas. Johannes Kepler fue uno de los primeros en proponer este medio de propulsión. Kepler observó que serían muy similares a las velas de los barcos, con la diferencia que estarían impulsadas por los fotones emitidos por el Sol en lugar de por el viento. En este tipo de naves se ha trabajado en NanoSail-D, un experimento del Centro de Vuelo Espacial Marshall y del Centro de Investigaciones Ames, que realizó un intento de poner en una órbita baja, una de estas velas, pero el cohete Falcon 1 fracasó en el despegue. Un segundo intento se realizó desde Alaska consiguiendo colocar una nave de tipo vela a 648 km de altitud.

Se ha confirmado que las velas solares son un modo de propulsar vehículos en el espacio sin necesidad de pesadas cargas de combustible. Esta ventaja implica masas de lanzamiento menores, costes más bajos, menos riesgos y alcanzar distancias más lejanas sin tener que cargar con depósitos auxiliares.

Las velas están fabricadas con un material denominado CP-1, un polímero muy reflectante que tiene, tan sólo, 7,5 micras de grosor y, desplegado completamente, ocupa un área de unos 10 m^2. Una de esta naves, fabricada por la Sociedad Planetaria, es la denominada LightSail-1, su vela está fabricada en mylar y tiene un superficie de 32 m^2.

Los fotones del Sol o de la estrella que se tenga próxima chocan contra la superficie reflectante y rebotan en ella, transfiriéndole empuje. Al principio el arranque es lento, con una aceleración de un milímetro por segundo, luego la aceleración se va acumulando y ya no se detiene, alcanzando un aceleración, en un día, de 310 km/h.

El NanoSail-D, en el que tal vez se ha inspirado el equipo de Hawking, se lanzó con éxito y se trataba de un satélite muy pequeño, aproximadamente de 10x10x38 cm, pero llevaba en su interior la vela plegada que se desplegó en cinco segundos ocupando una superficie de 9,29 m².

Así que la única opción, para largos viajes parecen estas sondas en miniatura equipadas con velas ultraligeras que recogen los fotones emitidos por muchos láser instalados en tierra y que las propulsan al 20% de la velocidad de la luz, mil veces más rápidas que las naves actuales.

Para Francis Rocard es un proyecto que precisa un gran desembolso económico, alrededor de 8,85 mil millones de euros. Pero abrirá las puertas a la exploración de exoplanetas y las posibilidades de vida fuera de la Tierra.

Las velas solares son un modo de propulsar vehículos en el espacio sin necesidad de pesadas cargas de combustible.

Muchos lectores pueden pensar que es un derroche de dinero cuando aún en nuestro planeta hay gente que pasa hambre y niños sin escolarizar. Tenemos que considerar el desarrollo tecnológico que va a representar, los puestos de trabajo que generará, los nuevos inventos que surgirán y que tendrán aplicaciones en la vida cotidiana de todos. Recuerdo que en una conferencia que impartí, uno de los asistentes mencionó el semi fracaso de Rosetta –el fracasado aterrizaje de la sonda Philae en el cometa Churyumov-Gerasimenko–, y el dinero que había costado, hecho que consideraba como derrochado y perdido. Le expliqué que se equivocaba rotundamente, que verdaderamente no se había conseguido un éxito total de la misión al aterriza mal el módulo Philae, pero que había valido para mucho. El espectador me inquirió irónicamente: «¿Para qué?», y yo le contesté: «El día que, tarde o temprano, un cometa o asteroide venga en ruta de colisión hacia la Tierra, gracias a Rosettas, sabremos cómo llegar a él, sabremos cómo posarnos sobre él y dejarle una carga nuclear que explote, lo desvíe y evite que millones de personas, sino todas, mueran en la Tierra por el impacto del objeto».

Philae ha proporcionado una información muy valiosa que era imposible de obtener utilizando satélites convencionales.

La conquista del espacio, desde el lanzamiento del Sputnik hasta nuestros días, ha significado un importantísimo desarrollo de cientos de tecnologías, así como el uso de nuevos materiales resistentes a las terribles condiciones espaciales, avances en la medicina, industrias auxiliares, desarrollo de transportes especiales para mover los grandes cohetes, investigación de nuevos tejidos para los trajes espaciales, ópticas avanzadas capaces resistir los cambios de temperatura que se producen en el vacío y un sinfín de artilugios que han precisado las estaciones espaciales, sin contar con la nueva gastronomía desarrollada que han «fusilado» los grandes chefs para sus platos exóticos.

Le ofrezco al lector una lista de todos esos inventos que han aparecido como consecuencia de la industria y tecnología astronáutica y que hoy utilizamos todos: El GPS con el que nos orientamos; los satélites meteorológicos que nos avanzan el tiempo que tendremos; los ordenadores portátiles ya utilizados en el Programa Apolo; las herramientas con batería (taladros, destornilladores, etc.) que evita engorrosos cables en el espacio; el vidrio Pyrex; los antitérmicos; los termómetros digitales un avance que aleja el mercurio del peligro humano; los detectores de humo y calor, inicialmente utilizados en las estaciones espaciales y hoy en casa, garajes, industrias; fibras flexibles aislantes del frío y el calor; pinturas anticorrosivas para los cohetes; mantas aislantes y mantas eléctricas; sistemas de ahorro de energía en electrodomésticos, imprescindibles en las estaciones espaciales y en los módulos que viajaban a la Luna; los marcapasos y sensores para saber desde los centros de control cómo se encuentran los astronautas; sistemas de reciclado y purificación de agua, imprescindible en las estaciones espaciales; ruedas lenticulares; sistemas de corrección de imagen y de sonido de televisión; código de barras, inicialmente desarrollado para controlar en los almacenes todos los recambios de los módulos, lanzaderas y cohetes; alimentos deshidratados y liofilizados, sin los que no se hubiera podido alimentar a los astronautas; cocinas de vidrio-cerámica; discos compactos; los joystick; la protección antirrayado de lentes; calzado con amortiguación; kevlar, y un sinfín de objetos electrónicos, informáticos, médicos, etc., que harían esta lista interminable.

Pensará el lector que sin la industria astronáutica también hubiéramos desarrollado todo estos aparatos. Posiblemente sí, pero desde 1957 hasta ahora habría muchos que no se habrían desarrollado todavía, ya que la inversión en investigación en ellos habría sido poco rentable, e igual que, en la naturaleza evolutiva la necesidad crea el órgano, en la industria tecnológica también la necesidad crea el instrumento.

SEGUNDA PARTE

En esta segunda parte se presenta al lector un recorrido por los principales descubrimientos en los que ha participado, directamente e indirectamente, Stephen Hawking. Se inicia, brevemente, situando al lector en el mundo subatómico de hoy y sus teorías, base de todos los descubrimientos que siguen a continuación. La relatividad y las singularidades espacio-temporales y su protección cronológica son uno de los primeros caminos que abordó Hawking antes de especializarse en los agujeros negros y, en parte, en los agujeros de gusano. Hawking también investigó junto a Thorne el origen de las galaxias, el *big bang* y las recién descubiertas ondas gravitacionales. La teoría de Cuerdas y la teoría del Todo no son ajenas a las reflexiones de Hawking. La magnitud de estos temas es tan fundamental que merecen el espacio de esta segunda parte, ya que nos llevan a profundas reflexiones, paradojas e inquietantes respuestas sobre nuestro destino en el Universo.

CAPÍTULO 8

SOMOS PARTE DEL MUNDO SUBATÓMICO

«Desde el big bang hasta los agujeros negros, de la materia oscura a un posible big crunch, nuestra imagen del Universo hoy en día está llena de extrañas ideas y grandes verdades.»

STEPHEN HAWKING en *Starmus* 2015

«...porque lo que yo tengo lo tienes tú y cada átomo de mi cuerpo es tuyo también.
Yo vivo en el tiempo absoluto.
Todas las fuerzas del Universo han trabajado sin descanso y obedientes para completarme y deleitarme. Y ahora estoy aquí ¡miradme!
Todo está en mí. No sé qué es, pero sé que está en mí.»

W. WHITMAN

Viaje a lo profundo de la materia

Hoy se oye hablar de la mecánica cuántica y de las partículas subatómicas, de los descubrimientos del acelerador de partículas y de extrañas leyes de un submundo que permite que una partícula esté en dos lugares a la vez o «navegue» por otros universos. Pero ¿Qué es todo ese complejo mundo y que representa?

Trataré de explicarlo de una forma accesible, a veces poco rigurosa para los físicos cuánticos que me permitirán valerme de esas ilustraciones para poder facilitar la comprensión de los más profanos[1] en esta disciplina de la ciencia. En cualquier caso siempre me podré apoyar en Feynman que bromeó diciendo sobre la mecánica cuántica: «Creo que nadie entiende verdaderamente la mecánica cuántica». En cualquier caso es necesario realizar una breve descripción de la mecánica cuántica para poder comprender las teorías y el Universo que nos describe Hawking.

Vamos a dividir el Cosmos[2] en tres partes: lo infinitamente pequeño, lo infinitamente grande y el mundo de los humanos que lo llamaremos, arbitrariamente, mundo intermedio.

1. Empleo el término «profanos» para todos aquellos que han estudiado otras especialidades, como leyes, historia, filología, economía y desconocen el mundo de la mecánica cuántica.
2. Cuando utilizo el término «Cosmos» me refiero a todo el Universo y Universos posibles, como los Universos burbuja, paralelos, etc.

Lo infinitamente pequeño es el mundo subatómico de las partículas y las leyes de la mecánica cuántica que abordaremos en este apartado. El mundo infinitamente grande es el del Universo que nos rodea, estrellas, exoplanetas, galaxias, agujeros negros y otros cuerpos. Sin embargo, de todo ese grandioso espectáculo que nos ofrecen los telescopios y radiotelescopios, sólo vemos un 4%, el otro 96% es materia y energía oscura. Ese 96% que vemos está formados por materia que, a su vez, son partículas del mundo subatómico. Al margen están los inmensos vacíos por los que fluctúan extrañas energías y partículas muy especiales como los neutrinos.

El mundo que hemos llamado intermedio, el de los humanos, también está formado por partículas, somos moléculas, átomos e iones del mundo subatómico y, como explicaré al final, somos seres con un pensamiento electroquímico y cuántico. En realidad, si pudiésemos ver nuestra verdadera esencia, nos veríamos como partículas que vibran, que se mueven, que salen y entran de un entorno que es la figura humana.

Veamos el mundo subatómico de las partículas cuánticas, un mundo que podemos investigar gracias a los microscopios de efecto túnel[3], los microscopios cuánticos[4] y los acelerados de partículas[5].

Si observemos con una lupa el extremo de una hoja lanceolada de cualquier planta de la naturaleza veremos sus células. Un microscopio nos ayudará a descubrir el núcleo de la célula y en ella las moléculas que la componen. Si penetramos en una de estas moléculas llegamos hasta sus átomos, extremadamente pequeños hasta el punto que se necesitarían 500.000 átomos de carbono apilados para ser tan anchos como un cabello humano.

3. El efecto túnel crea imágenes a nivel atómico.
4. Un equipo de investigación holandés utilizó la fotoionización para crear una imagen del núcleo y orbital atómico de un átomo de hidrógeno.
5. Por su gran potencia y posibilidades nos referimos siempre al Large Hadron Collider (LHC)

Este espacio tan pequeño del átomo tiene el 99,9% de su volumen vacío, sólo hay fluctuaciones cuánticas (campos de energía que se crean y se disuelven espontáneamente). Alrededor del átomo orbitan los electrones a una velocidad de 2.200 km/s; a esa velocidad podrían dar la vuelta a la Tierra en 18 segundos. Los electrones son una función de onda y una partícula al mismo tiempo. Tampoco se puede saber con seguridad qué hará cualquier electrón, ya que electrones idénticos en idénticos experimentos pueden tener comportamientos diferentes. Por razones que se desconocen cambian de nivel, se alejan o se acercan más al átomo, pero no son saltos, ni desplazamientos visibles, sino que desaparecen en un nivel para aparecer en otro, realizan un salto cuántico. Son como el gato de Chesire de *Alicia en el País de las Maravillas,* que desaparecía en un lugar para aparecer en otro.

Así, átomos de apariencia estable pueden, repentinamente y sin causa aparente, experimentar alteraciones internas, ya que sin razón aparente, los electrones eligen pasar de un estado energético a otro.

Si el átomo tuviera el tamaño de un campo de futbol, el electrón sería una pelota de tenis que, en su nivel más próximo al átomo, estaría a 300 km de altura, es decir en órbita geoestacionaria. Es más, la probabilidad de localizar a un electrón tiende a cero cuanto más nos alejamos del núcleo del átomo, aunque nunca será cero, pues los electrones podrían estar en el otro lado del Universo.

Cuando un electrón desciende de órbita emite un paquete de energía o fotón, cuando asciende absorbe un fotón.

Principio de Superposición de fuerzas: la fuerza que ejerce un cuerpo sobre otro es independiente de la que ejercen los demás.

Esto nos lleva al Principio de Superposición y sus chocantes conclusiones, dado que, en el mundo cuántico, un objeto puede estar en dos situaciones distintas y, también, puede estar en superposición de ellas, es decir, pueden realizar dos cosas distintas a la vez. Así, un átomo puede pasar por dos sitios a la vez, y uno de sus electrones puede circular alrededor del núcleo en dos órbitas simultáneas.

Quarks y fuerzas fundamentales

Pero regresemos a nuestro viaje y, ahora, exploremos lo que hay en el núcleo del átomo, donde encontraremos protones y neutrones. No deseo sobrecargar al lector con números y cifras, por lo que destacaré, simplemente, que la masa del neutrón es mayor que la del protón, y su diferencia equivale a 2,53 veces la masa del electrón. Este hecho tiene una importancia vital, ya que si la diferencia fuese menor que la masa del electrón, los átomos de hidrógeno serían inestables y se desintegrarían en neutrones y neutrinos. Si fuese mayor el helio del *big bang* sería más eficiente dejando un cosmos pobre en hidrógeno donde las estrellas carecerían de combustible. Si el neutrón fuese más masivo que el protón, no existirían los elementos pesados.

La existencia del Sol como fuente de calor, y en consecuencia nuestra existencia, ha dependido del valor de la masa de unas partículas. Estamos aquí y somos como somos, porque el neutrón tiene una masa mayor que el protón y la diferencia entre ambos equivale a 2,53 veces la masa del electrón. Eso no quiere decir que la existencia está milimetrada a esas medidas, puede haber Universos con otras constante en que la vida y la inteligencia existan, pero no igual que nosotros.

Si seguimos penetrando en el interior de la materia vemos que el neutrón está formado por un quark *arriba* y dos quark *abajo*; mientras que el protón tiene dos quarks *arriba* y un quark *abajo*. Entre medio, gluones que mantienen ligados a los quarks. Hoy sabemos, además, que los quarks adquieren su masa debido al campo de Higgs, un campo que impregna todo el espacio, y que al atravesarlo los quarks y los leptones interaccionan con él y adquieren masa.

Antes de describir, brevemente, lo que conocemos como Modelo Estándar, debemos resumir las cuatro fuerzas fundamentales y sus principales interacciones. Las cuatro fuerzas fundamentales son responsables de los procesos que se dan en la naturaleza, toda nuestra existencia depende de estas fuerzas. Son la interacción de la gravedad, del electromagnetismo, de la fuerza nuclear débil y la fuerza nuclear fuerte.

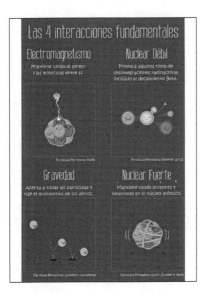

Las fuerzas o interacciones fundamentales conocidas hasta ahora son cuatro: gravitatoria, electromagnética, nuclear fuerte y nuclear débil.

La gravedad actúa en el macroUniverso y mantiene unido el Sistema Solar, a escala de los objetos de la vida corriente es insignificante, sólo se deja sentir a escala astronómica, en las grandes galaxias parece adolecer de algún fallo, pero a nivel planetario produce ese equilibrio de rotación de los planetas alrededor del Sol. En la Tierra es la responsable de que las cosas caigan de arriba abajo. Sin su presencia no habría nada que uniese la materia y los cuerpos se escaparían al espacio.

La fuerza electromagnética es la que produce que un imán atraiga a un clavo. No actúa sobre aquello que no tiene carga eléctrica y es la que marca que las cargas opuestas tienen que atraerse y las cargas iguales repelerse. La fuerza electromagnética es imprescindible para nuestra existencia, ya que, en la molécula del agua, suelda dos átomos de hidrógeno con uno de oxígeno. Y en los seres humanos suelda las cadenas de ADN. Sin esta fuerza no habría agua, mares ni vida.

La fuerza nuclear débil es la que rige la desintegración de las partículas, pese a ser superior a la fuerza de la gravedad, es mil veces más débil que la fuerza electromagnética. Es la responsable de las reacciones nucleares del Sol y las estrellas. Si no existiese estaríamos en un Universo exótico en el que, posiblemente, la vida no estaría basada en la química del carbono.

Finalmente está la fuerza nuclear fuerte, la más potente de las cuatro, cien veces más intensa que la electromagnética, pero solamente capaz de tener influencia sobre partículas masivas como los protones y neutrones, ignorando los fotones, electrones y neutrinos. Es, sin embargo, la fuerza que mantiene unido el núcleo del átomo. Sin ella la materia no existiría.

Nuestra existencia depende de estas cuatro fuerzas, sin la existencia de ellas no estaríamos aquí. Veremos, al hablar de los Universos paralelos y los multiversos, que pueden existir otros Universos en los que sólo funcionen tres de estas fuerzas y exista vida, aunque esa vida inteligente sea muy distinta a la nuestra.

Conociendo las cuatro fuerzas podemos describir brevemente el Modelo Estándar, la tabla periódica de las partículas subatómicas, en la que intervienen todas las fuerzas menos la

El Modelo Estándar describe el Universo usando 6 quarks, 6 leptones y algunas partículas «portadoras de la fuerza».

gravedad. El modelo estándar es para los físicos lo que representa la tabla periódica de los elementos para los químicos.

El modelo estándar describe todas las partículas subatómicas conocidas y las interacciones que median entre ellas. Cada partícula pertenece a uno de dos grandes grupos: los fermiones, a los que pertenecen los constituyentes de la materia (quarks y leptones), y los bosones, que comprenden las partículas transmisoras de las interacciones. Los primeros existen «repetidos» en tres generaciones de masa creciente.

PRINCIPIOS CUÁNTICOS Y MENTE CUÁNTICA

Para finalizar este rápido recorrido por el mundo subatómico tenemos que describir algunos de los principios de la teoría cuántica.

Inicialmente destacaremos que la teoría cuántica se basa en tres principios:

1. La energía se encuentra en paquetes llamados «quantos».

2. La materia se basa en partículas puntuales, pero la posibilidad de encontrarlas en una onda obedece a la ecuación de onda de Schrödinger. Cuando mayor es la onda, mayor es la probabilidad de encontrar al electrón.

3. Se necesita una medición para colapsar la onda y determinar el estado final de un objeto.

En el mundo cuántico, la materia puede existir con dos apariencias, como onda o como partícula. Como onda está desplegada en el espacio; como partícula está concentrada ocupando un sólo punto. La dualidad impide observar la materia con sus dos apariencias simultáneamente. Por tanto, el Principio de Incertidumbre destaca que nunca se puede conocer simultáneamente la velocidad y la posición de una partícula subatómica.

El llamado colapso de función ondulatoria es el cambio que se produce en la función cuántico-ondulatoria cuando se observa. Es el llamado «efecto observador», el cambio repentino en una propiedad física de la materia, a nivel subatómico, cuando la propiedad es observada. Esto nos lleva a que no podemos observar sin modificarlo. Un ejemplo breve nos ayudará a comprenderlo: tenemos una gota de agua en el porta del microscopio con unas propiedades determinadas, al observarla la iluminamos, los fotones de luz inciden en la gota de agua y ya no es como era antes de ser observada. El observador ha modificado la gota de agua con el solo hecho de observarla.

La Interpretación de Copenhague, establece que es necesario una observación para «colapsar la función de onda» al determinar la condición de un objeto. Y que antes de realizar una observación, un objeto existe en todas las condiciones posibles, incluso en las más absurdas.

Finalmente destacaremos el Entrelazamiento, que se refiere al entrelazamiento que une las partículas en un todo invisible, situación que acaece incluso cuando las partículas entrelazadas se encuentran separadas a gran distancia y se comportan como un sola unidad. El experimento de Einstein-Podolsky-Rosen (EPR) demuestra que dos partículas lanzadas en direcciones opuestas se comunican (medidos de su espín), por lo que demuestra que existe un conexión entre ellas aunque estén muy alejadas.

Este breve recorrido nos servirá para comprender las investigaciones de Hawking en las singularidades espacio temporales de la relatividad general, los agujeros negros y gusano, así como la radiación de Hawking, el *big bang* y la teoría de Cuerdas y del Todo.

Antes de abordar nuevos temas una breve explicación sobre el mundo intermedio y la relación mente y física cuántica, tal como hemos prometido al inicio de esta apartado.

Qué pasa cuando enfurecidos damos un puñetazo con la mano derecha sobre una mesa. Inicialmente un ion de calcio o potasio positivo incide en el núcleo de una neurona del córtex del hemisferio izquierdo de nuestro cerebro. El núcleo de la neurona se activa y por la dendrita, a 300 Km/h, lanza una onda eléctrica que llega hasta el final de este axón o dendrita donde elige entre más de 200 neurotransmisores el adecuado para impulsar esa acción, por ejemplo la adrenalina. Se produce la sinapsis, el salto de este neurotransmisor a la dendrita o axón de la neurona siguiente, ahora ya la onda es electroquímica. Así se activan toda una serie de neuronas que, a través de los sistemas nerviosos, llegan al brazo y puño derecho y realizamos el golpe sobre la mesa.

Dos interrogantes nos llevan a concluir que ha habido un proceso cuántico que no sabemos explicar. Primero, ¿quién o qué ha activado ese ion de calcio o potasio para que incidiese en el núcleo de la neurona adecuada? ¿Cómo ha sabido una onda eléctrica escoger el neurotransmisor adecuado entre más de 200? Pensemos que en la elección del neurotransmisor la onda podría haber escogido la oxitocina y, en vez de golpear la mesa habríamos repartido efusiones amorosas entre los que nos han enfurecido. ¡Somos seres cuánticos en un mundo cuántico!

UNA PARTÍCULA QUE PUEDE TRANSFORMAR EL MUNDO

Completando está resumida explicación de la mecánica cuántica, he querido añadir el descubrimiento de una nueva partícula que puede obligar a los físicos a revisar todo lo que sabemos sobre mecánica cuántica y nuestro Universo.

En noviembre de 2015, el Large Hadron Collider (LHC) captó la señal de una nueva y misteriosa partícula. Los responsables de este hallazgo fueron los dos grandes detectores del

LHC, el Atlas y el CMS. El hecho se produjo tras una colisión de hadrones. Esta partícula se desintegró rápidamente, pero quedó registrada su masa de 750 gigaelectronvoltios (GeV): ¡Una partícula desconocida y cuatro veces más masiva que un átomo de plomo!

Se trata de una partícula desconocida, que no se había visto nunca, ni se había previsto, una partícula a la que los especialistas del CERN denominaron: partícula X.

Hasta este verano, agosto o septiembre, no se habrán sacado conclusiones sobre la partícula X. Algunos físicos creen que es un signo de una nueva simetría. Si la partícula X impone la existencia de la supersimetría, decenas de partícula se añadirán al modelo estándar, ya que este hecho sugiere la existencia de nuevas partículas de materia clásica, dos nuevas generaciones completas con sus compañeras supersimétricas.

La nueva partícula también puede ser la representación de una nueva fuerza, tal vez ensambladora de quarks ligados a la interacción fuerte, o constituida por partículas elementales totalmente desconocidas y ligadas a ellas por una fuerza que desconocemos.

También puede acaecer que la partícula X forme parte de una nueva dimensión, lo que significaría la prueba de que el espacio cuenta con más de tres dimensiones. En cualquier caso vemos como la partícula X nos lleva a evoluciones radicales en nuestra manera de pensar sobre la naturaleza, sea ante el concepto de una nueva fuerza, una nueva simetría o una nueva dimensión.

CAPÍTULO 9

ESPACIO-TIEMPO

«Así como no hay puntos más al sur que el Polo Sur, el tiempo no puede existir fuera del Universo.»

STEPHEN HAWKING

«La prueba de que no se puede viajar en el tiempo, es que no estamos invadidos de turistas procedentes del futuro.»

STEPHEN HAWKING

Un Universo deformado por la masa de los astros

Durante su estancia en University College, Stephen Hawking se especializó en física teórica y mostró interés en la termodinámica, relatividad y mecánica cuántica. Es con Roger Penrose, en 1960, con quién investiga en el campo de las singularidades espaciotemporales en el marco de la relatividad general y se convierte en uno de los mejores físicos teóricos contemporáneos. En aquellos tiempos sólo podía hacerle sombra Richard Feynman, el otro genio de la física teórica, del que ya hemos hablado en la primera parte del libro.

Para comprender la importancia de las teorías que en el futuro realizaría Hawking, hay que conocer las bases en que fundamento sus ideas, y esas bases fueron Newton y Einstein.

Isaac Newton, creador de las leyes de gravitación universal, las leyes del movimiento y estudioso de las ondas luminosas, fue fuente de inspiración para Einstein, Maxwell, Bolzmann, Gibbs, Feynman y Hawking; este último había dicho de él: «... no estoy de acuerdo con la opinión de que el Universo es un misterio.../... Esa idea no hace justicia a la revolución científica iniciada hace casi cuatrocientos por Galileo y desarrollada por New-

ton.../... Ahora disponemos de leyes matemáticas que rigen todo lo que experimentamos de forma habitual».

Si bien Galileo fue partícipe de esa revolución con su catalejo y sus descubrimientos astronómicos, también fue responsable de casi cien años de retraso científico, al retractarse frente a la Inquisición. Los científicos de la época esperaban que el sabio se mantuviera firme en su sistema Heliocéntrico, pero Galileo ya anciano y enfermo, capituló ante una Iglesia soberbia y arrogante, pero ignorante, que como siempre prefería mantener sus falsas verdades por encima de las realidades evidentes.

Sirva esta interrupción con la postura de Galileo para mostrar la repercusión temporal que tuvo el sucesos, donde la ciencia «perdió un tiempo» vital en su historia. Imaginen estar hoy cien años más avanzados científicamente y tecnológicamente. Muchas metas que hoy vemos a veinte años de distancia, ya estarían superadas. Nuestra sociedad se hallaría en un nuevo nivel de civilización, habríamos instalado colonias en la Luna, Marte y algún otro planeta o satélite de nuestro sistema planetario, habríamos alcanzado la inmortalidad – hoy prevista por Kurzweil para 2045 -, habríamos llegado a la estrella más próxima a la Tierra, y mil aspectos más. La actitud de la Iglesia ha sido nefasta para la ciencia, ha sido arrastrar una rémora que estaba en contra del progreso y que, continuamente, condicionaba nuestros cerebros con mitos y leyendas que tenías que aceptar o te veías marginado aquí en la Tierra y castigado en el infierno el resto de la eternidad.

Ya en el siglo XX nada pudo impedir que Albert Einstein revolucionase el mundo científico al crear una nueva entidad: el espacio-tiempo. También sostuvo que el tiempo era relativo.

Para Einstein, la gravedad no es una fuerza sino un campo creado por la presencia de una masa en el continuum espacio-tiempo.

Las oscilaciones del espacio-tiempo son causadas, entre otros fenómenos, por las ondas gravitacionales recientemente detectadas, ondas que abordaremos en esta misma segunda parte un poco más adelante. Ahora nos centraremos en el tiempo, una peculiaridad de nuestro Universo que cautivó a científicos como Paul Davies, Kip Thorne y John Archibald Wheeler. Por supuesto también a Einstein y Hawking.

Si desplegamos un tejido elástico y colocamos bolas de plomo de diferentes tamaños, veremos que el tejido se hunde por el peso de una bola de plomo y que se deforma adquiriendo en su proximidad una ligera curvatura, en el caso de la bola más pesada una curvatura mayor. Si sustituimos la bola más grande por el Sol y la más pequeña por la Tierra, veremos que en el espacio sigue existiendo esas curvaturas.

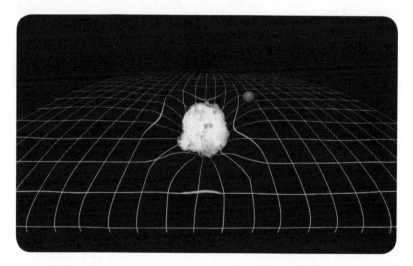

Para Einstein la masa curva el espacio, y la gravedad es una consecuencia de que el espacio-tiempo no sea plano, que esté curvado por la distribución de las masa y energías.

La masa del Sol curva el espacio-tiempo. Para comprender el tiempo hay que recurrir a la luz que se desplaza a una velocidad constante en el vacío[1]. Una velocidad que es la misma para todos los observadores. En astrofísica se utiliza el año-luz. El año-luz es una unidad de distancia que equivale a los kilómetros que recorrerá la luz durante un año para llegar a un punto del espacio[2]. Por ejemplo aplicando una sencilla fórmula (e = v.t) obtenemos que la luz tardará en llegarnos del Sol, situado a 150 millones de km, ocho minutos. Pero recordamos que la luz va hacia el futuro y no hacia el pasado. El Sol es como era hace 8 minutos, no como será dentro de 8 minutos. La luz se propaga hacia el futuro. Una vez más el lector se preguntará: ¿El tiempo puede ralentizarse pero no puede cambiar de dirección? Efectivamente, porque su dirección viene impuesta por la expansión del Universo.

Einstein completaría la teoría especial de la relatividad implicando el hecho que el observador y el tiempo, su velocidad y duración dependían del observador. Y desarrollo su célebre fórmula:

$$E = m\,c^2$$

Donde **E** es la energía, **m** la masa y **c** la velocidad de la luz[3].

La luz al transitar cerca de un astro muy masivo, realiza un recorrido que no es en línea recta, ya que se encuentra en un Universo deformado por la masa de los astros. Si el astro es muy masivo el espacio está tan deformado que la luz tarda más tiempo en llegar a su destino.

Así el tiempo de propagación de la luz se convierte en un buen instrumento para medir el espacio y descubrir sus irregularidades.

Como conclusión: en un espacio-tiempo curvo la luz ya no viaja en línea recta. La luz se desvía por la masa del Sol u otro

1. 299 792 458 m/s.
2. 1 año-luz es igual a 9 460 530 000 000 km.
3. Cuando escribí el libro *La verdadera historia de los masones* (Editorial Planeta), se le destacó a Mario Conde que su nombre y apellidos (Mario Conde Conde) daban como resultado la energía de Einstein (E=mc²). Conde quedó sorprendido, no lo había considerado. Sirva este comentario para mostrar cómo, personas de alto nivel cultural, se encuentran ajenos a la mecánica cuántica.

cuerpo masivo. El tiempo transcurre más lentamente cerca de un cuerpo de una gran masa.

¿Cómo nos afecta a nosotros? Nos afecta en aspectos muy insignificantes. Por ejemplo, dos personas, una situada en lo alto de una montaña y la otra en la orilla del mar, se encontrarán que el tiempo pasa más rápido para el montañero que para el que está en la playa. El tiempo es más lento para un habitante del Polo Norte, un esquimal, que para un habitante del Ecuador. Pero estas diferencias son tan mínimas que pasan desapercibidas en nuestra vida cotidiana. Tal vez, a nivel molecular (ADN), tengan algún tipo de influencia que desconocemos.

Igualmente, dos personas, una de 100 Kg de peso y otra de 70 Kg de peso, se encontrarán que el tiempo pasa más lento al más grueso y más rápido al segundo. Si en una nave viajásemos al 10% de la velocidad de la luz, la masa sería solo un 0,5% mayor de lo normal, pero a un 90% de la velocidad de la luz, la masa sería más del doble de lo normal. Cuando la velocidad se aproxima a la velocidad de la luz, la masa aumenta cada vez más rápidamente y cada vez cuesta más energía acelerar un poco. Esto nos llega a concluir que no se puede alcanzar la velocidad de la luz, porque la masa sería infinita, y habría costado alcanzarla una cantidad infinita de energía.

Por tanto, si queremos que el tiempo pase más lentamente sólo tenemos que engordar e irnos a la playa. A partir del momento en que descubrí este hecho, observo con envidia a esas personas obesas que pasean sosegadamente y sin prisa por la orilla de la playa.

El tiempo y el Universo

Cuando los astronautas están en el espacio también se ven afectados por el tiempo que transcurre, ya que el tiempo pasa más lentamente en una órbita alrededor de la Tierra que en la superficie de nuestro planeta. Por tanto, un astronauta, cuando regresa de una larga estancia en el espacio es mucho más joven que cuando salió.

En los confines del Universo, en determinados fenómenos el tiempo se encoge y se estira. Concretamente en la superficie de una estrella de neutrones, la gravedad es tan fuerte que la marcha del tiempo se reduce a un 30% en relación con el tiempo de la Tierra. Un observador en esa estrella de neutrones, que dispusiera de un gran telescopio vería los acontecimientos de la Tierra a cámara lenta.

Desde el *big bang* el Universo ha entrado en una carrera de expansión, por lo que han transcurrido 13,7 mil millones de años. Este hecho es el responsable del llamado «horizonte cósmico en el espacio» un lugar que no podemos ver dado que la luz aún no nos ha llegado a la Tierra. Es la distancia que conocemos, por tanto, el tiempo más largo que emplearíamos en llegar allí viajando a la velocidad de la luz. Si hablamos del momento más corto del tiempo, tenemos que recurrir al tiempo de Planck que es: 5,391 06(32) x 10-44 seg. Resultado que está determinado por la constante de Planck, la constante gravitacional y la velocidad de la luz.

Vemos como la velocidad de la luz es una de las claves de ese gran Universo, y establece un límite. Sin embargo, hay científicos que discrepan con ese límite. Gerald Feinberg llegó a la conclusión que no existe ninguna ley que impida que algo se mueva a más velocidad que la luz (aproximadamente 300.000 km/s). Sus conclusiones llevan a una dimensión totalmente diferente a la realidad física en la que nos movemos: un universo paralelo donde la relatividad impondría la velocidad de la luz como límite mínimo. Nada podría viajar más despacio.

En ese universo paralelo los fotones serían, posiblemente sustituidos por una nueva partícula. Feinberg llamó a estas partículas taquiones.

Los taquiones viajan a una velocidad mayor que la luz, pero no hay evidencias de su existencia. Si existieran violarían le principio de causalidad, ya que podría darse el caso que una partícula llegase a su destino antes de haber partido. Claro que esa violación sería insignificante ante los que afirman que el Universo existe porque los humanos lo hemos creado, idea que formulan los que afirman que, en la mecánica cuántica, no existe la causalidad y que los efectos pueden estar antes que las causas.

Todos estos conceptos me recuerdan un viejo relato de ciencia-ficción en el que unos extraterrestres, procedentes de un Universo donde todo acaece a una velocidad superior a la luz, llegan a la Tierra y aterrizan en un campo de futbol. Manteniendo su velocidad superior a la luz, se encuentran en un mundo que está paralizado, los jugadores de futbol son figuras estáticas en posiciones dinámicas, pero nada se mueve. Uno de los extraterrestres se aproxima a un jugador y lo toca con su mano, lo que produce que este se desintegre inmediatamente. Extraños por aquel mundo en el que han descendido, los extraterrestres deciden no tocar ninguna «figura» más, regresar a su nave y partir. Todo ha transcurrido en millonésimas de segundo. Al día siguiente, en la Tierra, los periódicos se harán eco de la extraña desaparición de un jugador de futbol en pleno encuentro deportivo.

CUANDO EL PASADO O EL FUTURO CARECEN DE SIGNIFICADO

El concepto de tiempo es diferente en el mundo de la mecánica cuántica, donde el pasado o el futuro son tan carente de significado, como hablar y especificar arriba y abajo en el espacio intergaláctico. Einstein destacaba: «El pasado, el presente y el futuro son sólo una ilusión, aunque muy persistente».

Stephen Hawking, ha definido las vías que podrían servirnos para viajar en el tiempo: agujeros de gusano agrandados, órbitas alrededor de agujeros negros o viajes a la velocidad de la luz podrían desplazarnos hacia el pasado o el futuro.

El tiempo ni transcurre ni fluye. En realidad el flujo del tiempo es irreal, nada transcurre, sólo se dan estados del mundo diferentes. Sin embargo, me dirá el lector, las cosas a nuestro alrededor se ajan, envejecen, se hacen más complejas. Efectivamente, pero de ese hecho la culpabilidad la tiene la Segunda Ley de la Termodinámica que destaca que la entropía es un sistema cerrado, donde el desorden tiende a aumentar con el tiempo.

El lector obstinado seguirá advirtiéndome que sólo podemos recordar el pasado, que carecemos de recuerdos del futuro. Es una reflexión importante, a la que destacaré que el hecho que recordemos el pasado y no el futuro, es una observación no del transcurso del tiempo, sino de la asimetría temporal.

Es más, dentro de la mecánica cuántica, no hay un sólo tiempo, un único futuro. El indeterminismo cuántico destaca que para un estado cuántico particular, existen muchos futuros alternativos o realidades infinitas. Un hecho que cae en el mundo de los universos paralelos que ya veremos más adelante.

Regresemos al tiempo subatómico donde el tiempo ya no es unidireccional, el tiempo es una flecha en dos direcciones. Un ejemplo será más práctico para explicar este hecho: tenemos un mesón K que vive menos de una millonésima de segundo, y que en el 99% de los casos desaparece escindiéndose en otras tres partículas. Pero este hecho, esta desintegración es reversible en el tiempo, ya que las tres partículas pueden reunirse de nuevo para formar un mesón K.

Este hecho crea una pregunta inquietante para la que no tengo respuesta: Si los objetos macroscópicos están compuestos de partículas subatómicas, ¿Cómo ha podido el conjunto adquirir una propiedad que sus componentes no tienen?

Insisto, el tiempo no pasa es nuestra mente que nos engaña, Etienne Klein lo ve así: «... al ser observadores de cómo el Universos sigue el espacio-tiempo, tenemos la impresión subjetiva de que el tiempo pasa». Y Michael Talbot remata: «Por el momento estamos atrapados entre el futuro y el presente en el intervalo inconmensurable del presente». Efectivamente vivimos un eterno presente del que, en muchas ocasiones, ni nos damos cuenta que estamos en él. Y finalmente F. Wolf, un gran especialista en espacios paralelos nos recuerda: «... estamos quietos pero el tiempo sigue avanzando, pero eso no es así: nosotros avanzamos en el tiempo».

VIAJAR EN EL TIEMPO Y LA CONJETURA DE LA PROTECCIÓN CRONOLÓGICA

Doctorado en física y con más de 12 títulos honorarios, llegamos a 1974, en que Stephen Hawking es elegido el miembro más joven de la Royal Society. En ese mismo año empiezan sus visitas al Instituto Tecnológico de California donde trabajará con Kip Thorne.

Einstein nos enseñó que el espacio y el tiempo no existen de forma independiente, sino que forma una sola entidad espacio–tiempo. La curvatura y ondulación del espacio tiempo explica la gravitación y la equivalencia de esta con la aceleración y relatividad general de todas las formas de movimiento.

Antes de hablar de las ondas gravitacionales, los agujeros negros y los de gusano, voy a tratar el tema de los viajes en el tiempo, teoría que Hawking dedicó especial atención, estudiando los planteamientos de Penrose, de Thorne sobre los agujeros de gusano; y de Everett III y Max Tegmark sobre los espacios paralelos.

¿Podemos viajar en el tiempo? La ciencia-ficción desde H. G. Wells con su *Máquina del tiempo,* hasta Isaac Asimov con *El fin de la eternidad* nos ha narrado fantásticas aventuras de viajeros del tiempo, incluso existe un novelista español que es el primero, antes que Wells, en escribir un libro sobre el viaje en el tiempo. Me refiero a Enrique Gaspar y su novela *El anacronópete,* en la que además de sus viajeros habituales, se cuelan doce prostitutas en su máquina del tiempo. La cinematografía nos ha deleitado con *Regreso al futuro*, *Doce monos*, *Terminator*, *Atrapado en el tiempo*, y algunos episodios de *Star Trek*. Nosotros, en nuestra vida cotidiana estamos «viajando» en el tiempo constantemente, por lo menos en la astronomía y la paleontología. Observamos el Sol y lo estamos viendo como era hace ocho minutos, el tiempo que nos ha tardado en llegar su luz; observamos una estrella y la vemos cómo era hace, por ejemplo, 50 años, incluso es posible que ya no exista en el momento que la observamos. Estudiamos un fósil y tenemos en las manos la petrificación de un ser de millones de años de antigüedad. En muchas disciplinas (Historia y Literatura) estamos inmersos en el pasado.

El viaje en el tiempo nos plantea tremendas paradojas que muestran la imposibilidad de viajar, al pasado o al futuro, sin modificar el presente. ¡Qué hemos dicho! Está claro que no podemos viajar en el tiempo sin transformar el presente, indiferentemente que nuestro viaje sea al pasado o al futuro. Entonces ¿cómo se entiende la primera afirmación? Se entiende si existen los universos paralelos. Veremos esta relación más adelante.

Tanto el viaje en el tiempo al pasado como al futuro, plantea problemas, porque vayamos a un tiempo pasado o a uno futuro, hemos modificado el presente. Imaginemos que vamos al pasado y escondemos los cálculos esenciales de un científico de Álamo Gordo durante la Segunda Guerra Mundial, la documentación escondida es tan importante que no se puede construir la bomba atómica… todo el transcurso de la guerra cambia.

Ahora viajamos al futuro, y nos enteramos del resultado de la lotería, al regresar compramos ese número y nos convertimos en multimillonarios… hemos transformado nuestro presente que, sin aquel viaje al futuro, hubiera sido distinto.

La paradoja de la abuela es un buen ejemplo de la imposibilidad del viaje en el tiempo. Viajamos al pasado y asesinamos a nuestra abuela antes de que concibiese a nuestra madre. ¿Cómo hemos nacido si hemos matado a nuestra abuela antes de haber nacido nuestra madre? Teóricamente no existíamos.

Wolf y Deutsh, ofrecen diferentes soluciones a esta paradoja. Para Wolf existen dos alternativas. La primera hemos matado a nuestra abuela en un universo paralelo, pero en otro no la hemos matado. La segunda presenta otros universos en que se mata o no se mata. En estos universos el tiempo no se vería alterado porque cuando alguien se desplaza hacia atrás en el tiempo entra en un Universo paralelo en el mismo instante de su llegada. El Universo original permanecería intacto, el nuevo incluiría los actos y modificaciones que introduce el viajero.

El Universo se ramifica en un montón de nuevos cosmos alternativos: esa es la idea que sostiene la teoría de los universos paralelos.

David Deutsh advierte que sobre las consecuencias del viaje al pasado: «Las acciones de los viajeros del tiempo en el pasado provocarían que el Universo se desviara hacia una rama diferente, donde habría escenarios distintos, un Universo distinto, donde se participa en una historia diferente».

Como apreciamos hay diferentes soluciones a la paradoja de la abuela, pero todas pasan por la existencia de universos paralelos, y esto es algo que no está demostrado.

Es en este punto en el que intervine Stephen Hawking, quién empieza por poner en duda la posibilidad del viaje en el tiempo, y especula con la posibilidad de que millones de viajeros del tiempo, viajarían para ver hechos históricos, y sin embargo cuando esos hechos históricos acaecieron esa muchedumbre de viajeros del tiempo no estaban ahí. Hawking remata: «No hemos visto tampoco nadie procedente del futuro».

Stephen Hawking es quien formuló la polémica conjetura de protección cronológica en la que propone que las leyes de la física previenen la creación de una máquina del tiempo, sobre todo a escala macroscópica. A partir de esta proposición se inicia un debate que aún dura.

Según apoya Hawking en su conjetura de protección cronológica los viajes al pasado podrían no estar regidos por las leyes físicas conocidas, sólo a través de complejas técnicas hipotéticas como el empleo de agujeros de gusano, tema que trataremos más adelante, esos atajos en el espacio tiempo.

No se hace mención de personas extrañas o multitudes observando en la Crucifixión, o en la Batalla de Lepanto, o en el desembarco de Normandía. Debido a esta circunstancia Hawkins formuló la conjetura de la protección de la cronología, donde propone que las leyes físicas impiden la creación de una máquina del tiempo. Para algunos científicos esta conjetura no tiene validez real. Algunos proponen otras ideas. Así en la paradoja de la abuela se podría solucionar con una mera cadena de coincidencias que impidiesen que el viajero del tiempo matase a su abuela. También este viaje al pasado podría estar prohibido por alguna ley fundamental de la naturaleza relacionada con los aspectos mecanocuánticos de la gravedad.

La realidad es que un viajero del tiempo que no haga prácticamente nada en su viaje al pasado, ya está alterando el presente. Pisar un simple hormiga, provocar que alguien lo observe por la ventana de una fábrica y deje de realizar una tarea que retrasará un entrega y producirá un paro en otra empresa, incluso el mero hecho de respirar un microbio destinado a otra persona que enfermará al no existir el antibiótico necesario, y un largo etc.

Para los defensores de los espacios paralelos solamente nuestro pasado no se vería alterado, y en consecuencia el presente, si el viajero entrase en un Universo paralelo en el mismo tiempo de su llegada. En este caso el pasado del Universo en que vive no se alteraría, sin embargo el nuevo se vería modificado en el pasado y presente por todos los actos que provocara el viajero del tiempo.

Otro problema es la máquina necesaria para viajar en el tiempo. Por ahora la única máquina, al margen de las que pueden construir agujero de gusano de las que ya hablaremos, es un cohete lo suficientemente rápido.

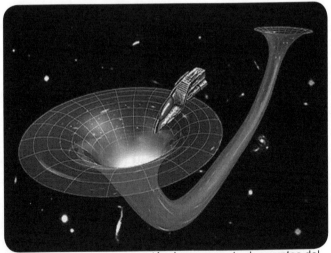

Un agujero de gusano es un túnel que conecta dos puntos del espacio-tiempo, o dos universos paralelos.

Sabemos que los objetos que viajan a grandes velocidades envejecen más lentamente que los objetos que permanecen estáticos en un lugar. Viajando en un cohete a la velocidad de la luz al regresar a la Tierra habríamos viajado miles de años hacia el futuro. Hecho demostrado con relojes atómicos. Por tanto no estamos violando ninguna ley de la física, más bien estamos teorizando sobre hechos que aún no sabemos alcanzar.

Mientras que para Newton el tiempo era un río que fluye siempre en la misma dirección, para Einstein este río puede curvarse, y Kurt Gödel demostró matemáticamente que el río podría formar un bucle. Gödel, además, encontró en las ecuaciones de Einstein una solución que permitía viajar al pasado.

Hoy se teoriza seriamente sobre las máquinas o leyes que permiten viajar en el tiempo. Algunas como las máquinas del tiempo de agujeros de gusano de Thorne que pueden unir el pasado y el presente; los bucles de las cuerdas cósmicas de Gott y los anillos de Kerr; los Universos en rotación de Kurt Gödel en los que se podría viajar para alcanzar el propio pasado; los infinitos cilindros de Tipler girando casi a la velocidad de la luz; los espacios paralelos de Wolf, e incluso los estados modificados de consciencia (EMC) de Yensen, Grof, etc.; y las teorías de Étienne Klein sobre la influencia de la consciencia en la percepción del tiempo. Finalmente citar a Hugh Everett III y Max Tegmark, el primero afirma que cada vez que el Universo se enfrenta a una elección en el nivel cuántico, sigue todos los caminos posibles, lo que origina una gran diversidad de mundos extraños. Si el Universo es infinito cabe, perfectamente, la posibilidad de que existan copias de nuestro Universo, con un mundo igual que el nuestro en el que hay una copia idéntica, de usted lector, tratando de comprender esta idea. Tegmark llega incluso a ubicar este Universo-copia, el más cercano a una distancia entre 10 y 100.000 metros.

CAPÍTULO 10

AGUJEROS NEGROS Y DE GUSANO

«*Los agujeros de gusano son misteriosos, extraños, llevan la marca personal de Stephen Hawking.*»

KIP THORNE

«*Me gustaría que compartieran mi emoción frente a los descubrimientos, pasados y futuros, que han revolucionado nuestra forma de pensar.*»

STEPHEN HAWKING en *Starmus* 2015.

Singularidades llamadas agujeros negros

Hablar de los agujeros negros es enfrentarse a una nueva cosmología, y es Stephen Hawking el principal artífice de este cosmos nuevo que nos crea desconocidos e inquietantes interrogantes. Dice Roger Penrose de ellos: «Los agujeros negros, son negros, invisibles porque la Naturaleza no quiere mostrarnos abiertamente lo que sucede en el interior de una singularidad, donde se desvirtúan todas las leyes, es como un censura cósmica que nos protege». Roger Penrose, en esta reflexión, adjudica un poder a la Naturaleza, convirtiéndola en un ente supremo que gobierna el Universo.

Lemaître elaboró la hipótesis de que toda la materia del Universo en el momento del origen estaba concentrada en un átomo primordial.

Pero ¿qué es un agujero negro? Sencillamente es una singularidad, y se entiende como singularidad un lugar donde las le-

yes de la naturaleza física no se cumplen. No es un concepto
novedoso, ya en 1933, Georges Lemaître, considerado el padre de la teoría del *big bang*, habla de la posibilidad de agujeros negros. Y en 1939 Robert Oppenheimer desarrolla un
modelo de hundimiento de una estrella masiva y abre el concepto de agujero negro. En 1939, Einstein desarrolla un artículo– considerado como malo– en el que anuncia que la materia no puede concentrase arbitrariamente. La verdad es que
Einstein no creía en la existencia de los agujeros negros, hecho

que demuestra que los genios también se equivocan, aunque,
tarde o temprano se habría visto obligado a rectificar.

El tema de los agujeros negros es más complejo de lo que
parece, así que empezaremos por el principio: el origen de los
agujeros negros.

El origen de una agujero negro es una estrella, no cualquiera, sino solamente las más masivas, varias veces la masa del
Sol, capaces de convertirse en agujeros negros. Para que una
estrella se convierta en un agujero negro es necesario que ocu-
rran en ella una serie de sucesos, una serie de hundimientos
gravitacionales.

Para el lector no versado en astrofísica de las estrellas destacaré que las estrellas son bolas de gas, generalmente de hidrógeno, que fabrica átomos más pesados a través de reacciones nucleares de fusión. Así, dos núcleos ligeros se fusionan para formar uno más pesado. (Por ejemplo: cuatro núcleos de hidrógeno permite formar un núcleo de helio.)

A causa de los proceso de fusión la estrella se agota. La presión radiactiva, debida a la energía de la fusión, tiende a dilatar la estrella y descender su temperatura y peso, haciendo que se desplome sobre ella misma, aumentando la temperatura de su centro y desencadenando la fusión de elementos cada vez más pesados. Esos son los hundimientos gravitacionales que hemos mencionado antes.

En estos procesos de hundimiento gravitacional puede acaecer dos situaciones: Primera, las estrellas en las que sus masas equivalen a la mitad de la masa solar se dejan dominar por las fuerzas de la presión que la dilatan y la enfrían. En ellas se desata una reacción nuclear y se convierten en enanas oscuras, llamadas así por su poco brillo.

Segunda situación: aquellas cuya masa equivale a varias veces la masa solar ven su densidad aumentada a fuerza de verse colapsadas, hundidas hacia ellas mismas. En un último episodio, explotan como supernovas. Su núcleo es muy denso, es como si tuvieran toda la masa de la Tierra concentrada en una pequeña bola de 1 cm. Tienen en ese momento una masa 3,2 veces mayor que la del Sol, en su lenta agonía hacia un agujero negro, emite rayos de alta energía: rayos X y rayos gamma es su último grito desesperado antes de convertirse en un agujero negro, un objeto que no dejará escapar la luz, ni la materia y será invisible e indetectable.

Podemos decir que existen cuatro tipos de agujeros negros: Los estelares que tienen varias veces la masa del Sol; los supermasivos, que son varios millones de veces más masivos que nuestro Sol; los de masa intermedia y los microagujeros negros que se pueden reproducir en los aceleradores de partículas. Una de las formas de detectar un agujero negro es en el instante que colapsa la estrella, ya que, como he explicado, es cuando emite rayos gamma.

Muchos científicos han calificado a los agujeros negros como monstruos devoradores, como terribles lugares de caos y destrucción; otros no piensan lo mismo sobre estos singulares objetos, sino que los ven como un misterio del Universo, en algunos casos como el posible origen de nuestra existencia, como un pasillo que nos comunica con otros universos, tal vez burbuja o paralelos. Hawking nos lleva a una teoría verdaderamente singular cuando nos habla del rebote de estos objetos, teoría que explicaremos más adelante.

HAWKING: LOS AGUJEROS NEGROS NO SON DEL TODO NEGROS

Imaginemos que penetramos en un agujero negro. Utilizo el término penetrar porque el de «caer» es inadecuado, en un agujero negro no se cae a ningún sitio, porque no hay dónde caerse, y su agujero no significa una caída, como aquella que realiza la Alicia de Lewis Carroll y que la lleva a un país que podríamos calificar de singular. Tras este breve paréntesis imaginemos que penetramos en un agujero negro, atravesamos su horizonte de sucesos, esa frontera que una vez superada no hay retorno posible, sentiremos una gravedad intensa que tiende a despedazarnos y, durante una millonésima de segundo, posiblemente, intentaremos luchar contra la singularidad mientras estamos atravesando ese astro supermasivo que, dependiendo de su masa, nos costará más tiempo o menos tiempo acabarlo de atravesar.

¿Qué pasa cuando lo atravesamos? Ahí nos enfrentamos a un misterio como el más allá, lugares de los que no ha regresado nadie para contar lo que ha visto. Sólo podemos deducirlo con ecuaciones matemáticas, pero estas no son lo suficientemente avanzadas para darnos una respuesta, ya que nos falta una teoría de la gravedad cuántica, la única interacción de las cuatro existentes, que no encaja.

Stephen Hawking, en 2015, añadió una nueva originalidad sobre los agujeros negros, anunció que los agujeros negros se comportaban como hologramas. También, hace años, sorprendió a todos los cosmólogos y físicos cuánticos, cuando anunció que un agujero negro no sería del todo un agujero negro.

Antes de desarrollar la teoría de la «radiación de Hawking», tal como se denominó más tarde esa peculiaridad anunciada por Hawking, veamos muy brevemente la visión que tenía Einstein sobre estos objetos espaciales.

Einstein con su relatividad general, demostró que la masa curva del espacio-tiempo en la que vivimos es como un tejido elástico que se deforma por el peso de las estrellas y los grandes planetas. Basándose en lo anterior un astro muy denso deforma el espacio-tiempo constituyendo una trampa para la materia y la luz. La verdad es que Einstein no creía en los agujeros negros, y en 1939, en un artículo calificado de pésimo por otros científicos, concluye que la materia no se puede concentrar arbitrariamente.

¿Qué es la radiación de Hawking?

Wheeler dijo que no se puede decir desde el exterior que hay dentro de un agujero negro, eso quiere decir que un agujero negro contiene una gran cantidad de información que se oculta al mundo exterior. Pero Hawking descubrió, con sorpresa que los agujeros negros parecían emitir partículas a un ritmo constante, un descubrimiento que perturbaba la idea que se tenía de ellos en unos tiempos en los que todos los científicos admitían que de un agujero negro no podía salir ni emitirse nada.

Sin embargo los cálculos de Hawking predijeron que un agujero negro crea y emite partículas y radiación, como un cuerpo ordinario caliente. Con una temperatura que es proporcional a la gravedad de la superficie, e inversamente proporcional a la masa.

Estas emisiones se conocieron por la comunidad científica como «radiación de Hawking». Y a partir de ese momento, con la demostración matemática que los agujeros negros emiten radiación térmica, muchos otros científicos también lo confirmaron a través de enfoques diferentes.

Sabemos que un agujero negro contiene el llamado horizonte de sucesos, una frontera de la que no puede regresar la materia ni la luz, una vez traspasada se queda uno desconectados del resto del Universo. Vemos que mientras tenemos una descripción del entorno del agujero negro, no sabemos casi nada de lo que pasa en su interior, un lugar que es un nuevo mundo o Universo.

Fue en 1974 cuando Hawking anuncia que los agujeros negros no son del todo negros, ya que contrariamente a lo que predica la teoría de la relatividad, emiten una radiación, se evaporizan.

Hawking se basó en la noción del vacío cuántico, según el cual parejas de partículas y de antipartículas aparecen y desaparecen sin cesar; ya que la proximidad del horizonte de un agujero negro, la atracción gravitacional permite disociar las parejas: una de esas partículas cae por el agujero negro, y la otra se escapa.

El misterio de los agujeros negros originó una amistosa discusión, de la que ya hemos hablado, entre John Preskill y Hawking, sobre la forma que, de una manera u otra, la información se escapa de los agujeros negros. Fue cuando se jugaron una enciclopedia. La apuesta finalizó con la declaración de Hawking de que la información asociada a las partículas tragadas por el agujero negro, se marcha a otro Universo. Hawking tiene que regalarle a Preskill una enciclopedia de beisbol de 3000 páginas.

Los científicos en general admiten que la información debe ser conservada cueste lo que cueste. Y queda en duda cómo será el proceso para conservar esta información. En agosto de 2015 Hawking, inspirándose en Andrew Strominger, profesor de Harvard y Jacob Bekenstein de la Universidad de Jerusalén, destaca que la información relativa a una partícula tragada por un agujero negro queda estocada en su superficie y preservada bajo la forma de un holograma. Un holograma es la representación bidimensional de un objeto tridimensional. Esta información será llevada a los confines del espacio de una forma caótica. Pero aún hoy sigue faltando una teoría de la gravedad cuántica para describir el proceso de conservación de esta información.

Hawking complica más todo el misterio de los agujeros negros cuando añade: «En nuestro modelo –nacido de la gravedad cuántica de bucles– el hundimiento gravitatorio de los agujeros negros no se percibe hasta la implosión total. Que cesa cuando el objeto alcanza una densidad gigantesca de alrededor de 5x1096 kg/m3 llamada la densidad de Planck». El efecto gravitatorio cuántico provoca un movimiento de rebote. Una dilatación gravitacional surge después del hundimiento y espera la densidad de Planck para que se produzca el rebote. Bautizado como el «Universo del rebote» que crea un agujero blanco. Naciendo una nueva Cosmología donde el *big bang* es esa singularidad imposible de describir matemáticamente.

El Big Bounce: la teoría del rebote de Hawking

Veamos más detalladamente a dónde nos lleva la «teoría del rebote» de Hawking.

En el agujero negro la gravedad cuántica tiene bucles. Según el hundimiento gravitacional de una estrella, esta se detiene cuándo su densidad llega al valor de 5x1096 Kg/m3 llamada la densidad de Planck. Entonces se produce un rebote que dilataría el espacio, creando un «agujero blanco» astro hipotético que no deja penetrar nada. El agujero blanco sería una salida, teoría que se puede aplicar al Universo.

Hawking crea un modelo muy diferente al predicho por la relatividad: el «Universo de rebote». En este modelo el Cosmos habría sido precedido por un Universo en contracción. Entre los dos un período breve, durante el cual la densidad habrá alcanzado la densidad de Planck. Este complejo estallará en un *big bounce* (un gran rebote) seguido de una fase de inflación, esa fracción de segundo en la que la talla del espacio-tiempo se multiplica por un factor de 1026. Después comienza una fase de dilatación y aparecen las primeras galaxias.

De una forma más comprensible, imaginemos un agujero negro que tiene en el otro extremo una salida, un agujero blanco. Podemos pensar que en un Universo burbuja se produce un agujero negro que lo perfora y su salida da origen a un nuevo Universo burbuja. ¿Fue así como apare-

Los agujeros negros son unos astros invisibles al ojo humano pero capaces de engullir cantidades inimaginables de materia.

ció de nuestro Universo? ¿Somos la salida (agujero blanco) de un agujero negro? ¿Procedemos de otro Universo burbuja perforado por un agujero negro? ¿Todos los agujeros negros de nuestro Universo son túneles que llevan a otros mundos?

EL PROBLEMA DE LA INFORMACIÓN

Nos queda por aclarar el concepto de información en un agujero negro. Un tema que, en ocasiones, se vuelve filosófico y metafísico como podrá apreciar el lector. Para mí, este hecho enriquece nuestra visión del mundo, ciencia y filosofía, originan pensamientos inquietantes y estremecedores, pero son los que llevan al ser humano a una de sus mayores grandezas: pensar en lo más profundo del todo.

El hecho de que las partículas escapen de un agujero negro, provoca que este pierda masa y se encoja. Con el tiempo, el agujero negro perderá toda su masa, y desaparecer. Entonces, ¿qué les pasa a todas las partículas y los astronautas desafortunados que caen en el agujero negro?

Todo parece demostrar que la información de lo que cayó en un agujero negro se pierde, aparte de la cantidad total de masa, y la cantidad de rotación. Pero la pérdida de información, plantea un problema grave que afecta a lo más profundo y filosófico de la comprensión de la ciencia. Recordemos, cuando hemos hablado en el capítulo anterior de la mecánica cuántica, que el principio de incertidumbre destaca que si sabemos las posiciones de las partículas, no se puede conocer su velocidad, y viceversa. En otras palabras, no se puede conocer tanto las posiciones y las velocidades con precisión.

¿Cómo entonces se puede predecir el futuro con precisión? La respuesta es que, si bien no se puede predecir las posiciones y velocidades por separado, se puede predecir lo que se llama el estado cuántico. Esto es algo de lo cual ambas posiciones y velocidades pueden calcularse a un cierto grado de precisión.

Esto nos lleva a una serie de paradojas y contradicciones. Por un lado la información que entra en un agujero negro debe ser destruida, de acuerdo con la Teoría de la Relatividad General de Einstein, mientras que la teoría cuántica dice que no puede ser dividida, y esta diferencia, sigue siendo hoy una cuestión sin resolver.

El problema radica en que si la información se pierde en los agujeros negros, no somos capaces de predecir el futuro, y un agujero negro podría emitir cualquier colección de partículas. Puede parecerle al lector que no importaría mucho si no podemos predecir lo que sale de los agujeros negros, tampoco son objetos que estén cerca de nosotros. Bueno cerca no, pero sabemos que existe uno en el centro de la Vía Láctea. En cualquier caso la ciencia está para aclarar y dar respuestas a este tipo de temas, porque si el determinismo, la previsibilidad del Universo, rompe con los agujeros negros, no sabemos que otras situaciones pueden acaecer. La verdad es que si el determinismo se rompe, nos encontramos en que no podemos estar seguros, tampoco, de nuestra historia pasada, lo que nos llevaría a la incertidumbre de que nuestra memoria y anales podrían ser sólo ilusiones, sombra o ficciones como canta él poeta. La verdad es que los anales de nuestra civilización nos dicen quiénes somos y por qué somos.

Vemos que, por tanto, es muy importante determinar si la información realmente se pierde en los agujeros negros, o si puede ser recuperada. Con el tema candente en la mesa, muchos científicos creen que la información no se debe perder, pese a que ninguno puede sugerir un mecanismo por el cual puede ser preservada.

Hawking se basó en una idea de Richard Feynman para encontrar una posible respuesta al tema de la pérdida de la información. Para Feynman no hay una sola historia, sino muchas diferentes historias posibles, cada una con su propia probabilidad. Partiendo de este postulado, Hawking concluye que en este caso, hay dos clases de historia. En una, hay un agujero negro, en la que las partículas pueden caer, pero en la otra no hay ningún agujero negro. Destaca Hawking: «El punto es que desde el exterior, no se puede estar seguro de si hay un agujero negro o no. Así que siempre hay una posibilidad de que no haya un agujero negro. Esta posibilidad es suficiente para preservar la información, pero la información no se devuelve en una forma muy útil. Es como la quema de una enciclopedia. La información no se pierde si se mantiene todo el humo y las cenizas, pero es difícil de leer».

La información en los agujeros negros es un tema apasionante y con connotaciones filosóficas, que nos lleva a un sinfín de especulaciones. Hawking se plantea una sorprendente pregunta: ¿Qué nos dice esto acerca de si es posible caer en un agujero negro, y salir en otro Universo? La existencia de historias alternativas con agujeros negros sugiere que esto podría ser posible. En este caso, advierte Hawking que para que esto acaezca el agujero tiene que ser grande y estar girando, condiciones que permitiría tener un paso al otro Universo. Una afirmación de Hawking que nos transporta a la idea de que exista algo en el otro lado, otro Universo, otra realidad, otra salida o una respuesta a nuestra existencia.

El tema de la información en los agujeros negros les confiere un protagonismo especial, y empuja a los científicos a buscar una nueva teoría en la que las dos grandes teorías, relatividad general y física cuántica sean compatibles. Gracias a Hawking, John Preskill y Kip Thorne, los agujeros negros se han convertido en algo más popular, en un concepto más creíble entre los ciudadanos neófitos en la cosmología relativista y cuántica. Incluso han penetrado en los guiones de Hollywood con la película *Interestelar*, asesorada por Kip Thorne, amigo de Hawking con el que prepara una nueva producción cinematográfica.

Saliendo del agujero negro

El lector se preguntará, ¿cómo queda finalmente la teoría de los agujeros negros? ¿Son negros o se escapa la energía? ¿Destruyen o no destruyen la información?

La realidad es que como destaca John Preskill: «No disponemos aún una teoría física capaz de describir estos astros que constituyen las singularidades». Carlo Rovelli, del Centro de Física Teórica de Marsella añade: «Nos hace falta elaborar una nueva teoría que reagrupe la relatividad general y la física cuántica».

Hawking está convencido que si un objeto cae dentro de un agujero negro, toda la información relativa al objeto no desparece para siempre, y provocativamente, insiste en que no existe ningún astro completamente negro. Pese a ello en la física clásica los agujeros negros son negros y no dejan escapar nada que pase cerca de ellos, dado que son astros tan compactos que su campo gravitacional atrae la materia y la luz. Pero esta descripción no se ajusta a las sutilezas del mundo subatómico. Un mundo cuántico donde, según Hawking, los agujeros negros no serían completamente negros y dejarían escapar una débil cantidad de radiaciones.

Es lamentable pero la relatividad general y la mecánica cuántica son hoy incompatibles entre sí. Si los agujeros negros son masivos pertenecen al mundo de la relatividad general, pero a la vez son tan pequeños que incumben a la teoría cuántica. Hawking, recientemente en Estocolmo, propone que lo que cae en un agujero negro no desaparece, su información queda almacenada en la «superficie» del agujero negro, intacta pero en forma bidimensional. Entiende Hawking como «superficie» el horizonte de sucesos, esa frontera a partir de la cual se entra en un interior que deforma el espacio y el tiempo, y que nada, ni siquiera la luz, puede escapar. Hawking añade que, aunque la información quede almacenada en la superficie del agujero negro, no hay forma de recuperarla de una forma útil y, provocativamente anuncia una nueva idea: la información puede reaparecer en un Universo paralelo.

Ahí deja Hawking un nuevo desafío a toda la comunidad científica, la posibilidad de que a través de un agujero negro se alcance un Universo paralelo y, al mismo tiempo, la sugerencia que los Universos paralelos son una realidad.

Los agujeros de gusano y viajes en el tiempo

A veces la gente confunde agujeros negros con agujeros de gusano, en realidad no son la misma cosa. Los agujeros de gusano son teóricamente atajos en el tejido espacio-temporal, para movernos en menos tiempo en espacios que nos costarían años.

164 | JORGE BLASCHKE

Muchos científicos, especialmente físicos y cosmólogos teóricos se han interesado por los agujeros de gusano, por lo que no se trata de una fantasía de ciencia-ficción. Einstein y Nathan Rosen estudiaron la posibilidad que los agujeros de gusano pudieran conectar puntos alejados de nuestro Universo. John Wheeler, Hawking y Thorne también estudiaron los agujeros de gusano y Schwarzschild describió su funcionamiento e, inspirado por Hawking, creó el principio de la velocidad e evaporización de un agujero negro $(dM/dt = - C/M2)$[1]

La interpretación de los agujeros de gusano sería la de dos singularidades en diferentes puntos del Universo que, en su desplazamiento, se encuentran y se «aniquilan» mutuamente, creando el concepto de agujero de gusano. Un ejemplo gráfico de agujero de gusano sería un Universo doblado como si fuera una hoja de papel, donde las singularidades se encuentran enfrentadas una a una en las mitades de las hojas.

La vida de un agujero de gusano es muy corta debido al modo en que la gravedad afecta a la radiación emitida en la zona que aparecen. Casi instantáneamente el agujero de gusano empieza a contraerse y estrangularse, acabando por desaparecer. En su lugar deja bocas transformadas de nuevo en singularidades, aunque de diferente naturaleza que las originales.

Viajar por los agujeros de gusano es un problema ya que permanecen abiertos por períodos de tiempo muy breves, tan cortos que el paso es imposible si no se mantienen abiertos y ofrecen un túnel estable.

1. Donde M es la masa, C una constante y t es el tiempo.

¿Cómo estabilizar un agujero de gusano? Según Kip Thorne sólo la materia con una densidad de energía y presión negativa podría estabilizar un agujero de gusano y hacer posible los desplazamientos a través de él. Es decir, un comportamiento similar al de dos placas en paralelo conductoras sin carga electromagnética y a corta distancia, como el efecto Casimir, que produce en el espacio entre ambas placas, la energía de densidad negativa. Pero, además, para mantener abierto el túnel y evitar estrangulamientos, sería necesario generar materia exótica, y por supuesto una nave resistente para poder soportar los entornos de radiación y la aceleración. A todo esto hay que recordar que, según el principio de dilatación del tiempo previsto en la teoría de la relatividad, el tiempo transcurrido a la misma velocidad para los viajeros no sería el mismo para los que se quedan en el origen.

Thorne cree que un agujero de gusano podría unir el pasado y el presente. Como el viaje a través del agujero de gusano es casi instantáneo, permite utilizarlo para viajar atrás en el tiempo. Claro que ello requeriría grandes cantidades de energía, tan grandes que nuestra civilización, por ahora, es incapaz de producir. Thorne destaca: «Una civilización arbitrariamente desarrollada puede construir una máquina para viajar al pasado a partir de un único agujero de gusano».

Una forma de viajar en el tiempo a través de un agujero de gusano sería, según Thorne, colocando la boca del agujero de gusano cerca de un cuerpo muy gravitatorio y después traerla de regreso. La dilatación temporal hace que el extremo del agujero de gusano desplazado envejezca menos que el otro extremo. En un extremo sería el año 2016 y en el otro 2020, si entrásemos por el 2020 llegaríamos al 2016, teniendo en cuenta que no podríamos viajar a un momento anterior a la creación de la máquina del tiempo.

DIFERENTES SOLUCIONES PARA VIAJAR EN EL TIEMPO

El viaje en el tiempo entraña muchos problemas que ya hemos mencionado, y todo parece indicar que la protección cronológica del tiempo de Hawking debe tener alguna efectividad. Para muchos científicos viajar en el tiempo es imposible. La paradoja de la abuela es un buen ejemplo de la imposibilidad del viaje en el tiempo. Viajamos al pasado y asesinamos a nuestra abuela antes de que concibiese a nuestra madre. ¿Cómo hemos nacido si hemos matado a nuestra abuela antes de haber nacido nuestra madre? Teóricamente no existíamos.

Wolf y Deutsh ofrecen diferentes soluciones a esta paradoja. Para Wolf existen dos alternativas. La primera hemos matado a nuestra abuela en un Universo paralelo, pero en otro no la hemos matado. La segunda presenta otros universos en que se mata o no se mata. En estos universos el tiempo no se vería alterado porque cuando alguien se desplaza hacia atrás en el tiempo entra en un universo paralelo en el mismo instante de su llegada. El universo original permanecería intacto, el nuevo incluiría los actos y modificaciones que introduce el viajero.

David Deutsh advierte que sobre las consecuencias del viaje al pasado: «Las acciones de los viajeros del tiempo en el pasado provocarían que el Universo se desviara hacia una rama diferente, donde habría escenarios distintos, un universo distinto, donde se participa en una historia diferente».

Como apreciamos hay diferentes soluciones a la paradoja de la abuela, pero todas pasan por la existencia de universos paralelos, y esto es algo que no está demostrado.

Es en este punto en el que intervine Stephen Hawking, quién empieza por poner en duda la posibilidad del viaje en el tiempo, y especula con la posibilidad de que millones de viajeros del tiempo, viajarían para ver hechos históricos, y sin embargo cuando esos hechos históricos acaecieron esa muchedumbre de viajeros del tiempo no estaban ahí. Hawking remata: «No hemos visto tampoco nadie procedente del futuro».

Stephen Hawking con la polémica conjetura de protección cronológica que formuló, propone que las leyes de la física previenen la creación de una máquina del tiempo, sobre todo a escala macroscópica.

Según apoya Hawking en su conjetura de protección cronológica los viajes al pasado podrían no estar regidos por las leyes físicas conocidas, sólo a través de complejas técnicas hipotéticas como el empleo de agujeros de gusanos, esos atajos en el espacio tiempo.

¿Y SI HACEMOS UNA TORSIÓN EN EL ESPACIO?

Cuando construyo cintas de Moebius en los coloquios, conferencias o clases que imparto, inicialmente siempre explico que una hoja de papel tiene dos caras, y que ambas son espacios distintos que podrían ser infinitos si no estuvieran limitados en cuartillas Din A4. Por esos espacios podrían transitar dos sujetos sin llegarse a ver nunca ni a saber nada de sus respectivos vecinos, sólo sabrían de su próxima existencia si uno de ellos perforase la cuartilla y asomase en el otro espacio.

Esta es una forma sencilla de crear un agujero de gusano, o bien la de un Universo doblado como si fuera una hoja de papel, donde las singularidades se encuentran enfrentadas una a una en las mitades de la hoja.

Pero la cinta de Moebius ofrece la posibilidad de acceder a la otra cara de la cuartilla si producimos una torsión unida por sus extremos de forma que, al circular por ella, sólo tenemos una superficie de una sola cara. ¿Y si esta torsión la realizásemos en el espacio? ¿Puede la naturaleza cósmica o la cuántica tener torsiones? El electrón, que es una función de onda y una partícula al mismo tiempo, ha sido definido como una torsión de la nada cargada negativamente.

Lo curioso de la cinta de Moebius es que si cortamos la superficie con la torsión por la mitad se produce una banda más larga con dos torsiones y si se vuelve a cortar, nuevamente por la mitad se obtiene dos bandas entrelazadas...o dos espacio entrelazados. Si la cinta original, en la que hemos hecho la primera torsión, se corta a un tercio, se obtienen dos cintas entrelazadas diferentes: una de idéntica longitud de la original, y otra de doble longitud. Es decir, dos espacios entrelazados, uno más grande que el otro.

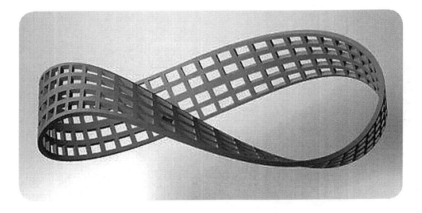

Aconsejo al lector que vea, por sí mismo, eso espacios que produce la cinta de Moebius, que experimente haciendo más cortes en los resultados iniciales que he ejemplarizado. Se sorprenderá de los entrelazamientos que surgen y las múltiples posibilidades que ofrecen las cintas de Moebius. Una vez domine bien esta técnica podrá en reuniones de amigos hacer demostraciones para defender la existencia de los mundos o espacios paralelos.

El mundo de Moebius es asombrosamente espectacular. Al margen de su famosa cinta o banda con cientos de posibilidades de espacio que nacen al cortarla, tenemos otros objetos, como la botella de Klein, que tiene la propiedad matemática de ser un objeto no orientable. La botella de Klein tiene

una sola superficie, donde no se puede diferen-
ciar «fuera» de «dentro. Es más, si seccio-
namos una botella de Klein en
dos mitades a lo largo de su
plano de simetría, obtenemos una banda de Moebius.
La botella de Klein y la cinta
de Moebius nos llevan a es-
pecular con espacios exóticos donde la vida sería muy
diferente y nuestra geometría sería topológica.

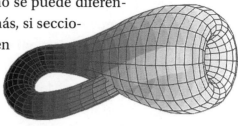

La botella de Klein es un ejemplo de superficie compacta, conexa, y no orientable que contiene bandas de Möbius.

Un relato de ciencia ficción de los años sesenta, narra la construcción de un túnel de ferrocarril subterráneo basado en una banda de Moebius. El día que se inaugura por las autoridades de la ciudad, ocurre algo inesperado, y es que cuando el ferrocarril entra en el tramo de Moebius, desaparece con todas las autoridades. Se suspende la circulación y se busca desesperadamente el convoy, pero ni rastro de él, por lo que se decide clausurar ese tramo de túnel de Moebius tapiándolo. El resto de la línea sigue funcionando, y los responsables descubren, meses después, que, a veces, pasa por algunas estaciones, fantasmalmente, el convoy del día de la inauguración, con las autoridades dentro hablando, ajenos a su desaparición y el tiempo transcurrido, como si se encontrasen en un extraño bucle de Moebius inaccesible y el tiempo no pasara para ellos.

DAVIS Y SU AGUJERO DE GUSANO DEL TIEMPO

Si el lector me ha seguido hasta aquí, ahora se enfrenta con lo más interesante, porque siguiendo a Paul Davies vamos a ver cómo se las monta con sus artilugios para crear un agujero de gusano en la Tierra, una especie de *Stargate* capaz de no sólo unir dos partes del Universo, sino de ir al pasado y regresar al presente.

En teoría, Davis, necesita un colisionador bastante potentes, ya que su intención es que este acelerador de partículas le permita recrear las condiciones que se daban en el Cosmos un segundo después del *big bang,* cuando la temperatura era diez trillones de grados y el Universo en que ahora vivimos estaba formado por plasma de quark y gluones, esos elementos que están dentro de los neutrones y protones.

Este experimento no es una fantasía, ya que el Large Hadron Collider (LHC) ha intentado, cuando aún carecía de la potencia que dispone ahora[2], realizarlo. En septiembre de 2012 se realizó una colisión de protones contra núcleos de plomo. Se trataba de recrear condiciones extremas de muy alta energía como la que se produjo instantes después del *big bang.* El núcleo de plomo (82 protones) se aceleró hasta 328 TeV[3], y el protón hasta 1,58 TeV[4].

2. A partir de marzo de 2015 funciona al doble de energía (13 Teraelectronvoltios).
3. 328 billones de electronvoltios. Un electronvoltio es la cantidad de energía que un electrón recibe si cruza desde la carcasa negativa de la pila de un voltio a su polo positivo.
4. 1,58 billones de electronvoltios.

El experimento controlado por Alice, que está diseñado para analizar la mezcla de partículas elementales que surgieron después del *big bang*. El detector Alice señaló que con el choque de núcleos de plomo se había conseguido una temperatura de un billón de grados centígrados, un millón de veces la temperatura del interior del Sol.

Alice también detectó que estos choques de núcleos de plomo creaban plasma de quark y gluones que duraban una billonésima de billonésima de segundo. Indudablemente el experimento había alcanzado un record, la mayor temperatura en el Universo: 5,5 billones de grados Kelvin, la temperatura que tenía el Universo, diez milmillonésimas de segundo después del *big bang*.

También el CERN anunciaba, el 9 de abril de 2014, sobre la existencia de hadrones exóticos. Parte de esa materia exótica que necesita c para mantener abierto ese agujero de gusano. Además, en el CERN, con el separador de átomos, se ha producido la forma de materia que dio comienzo en el Universo, conocida como espuma de espacio-tiempo, capaz de formar burbujas de curvaturas espacio temporal.

Lamentablemente la energía del plasma quark-gluón no basta para alcanzar la temperatura capaz de transformar la fisura espaciotemporal del agujero de gusano. Se precisa algo de mayor potencia, un dispositivo de implosión, una bomba termonuclear capaz de dirigir toda su energía hacia un solo lugar.

No deseo sobrecargar la mente del lector con complejos campos magnéticos, densidades y otros aspectos para conseguir este agujero de gusano, pero si ya me ha seguido hasta aquí con la construcción de la máquina de Paul Davis, sólo hace falta un pequeño esfuerzo de entendimiento en el que prometo poner toda mi voluntad para hacerlo comprensible.

Lo importante es mantener abierta la puerta del agujero de gusano el mayor tiempo posible, es decir, mantener su durabilidad, pues puede darse el caso que desaparezca en el vacío interno del acelerador de partículas. Esa durabilidad debe tener, también, unas dimensiones útiles y emplear un dilatador que lo mantenga abierto durante el viaje del «crononauta» como llama Paul Davis al viajero voluntario. Para conseguir el propósito de esa abertura durable, Davis propone utilizar la antigravedad, es decir, una fuerza de repulsión que podría ser el efecto Casimir, de modo que la zona situada entre placas tiene energía negativa.

Resueltos estos problemas se transforma el agujero de gusano en un túnel del tiempo, estableciendo una diferencia permanente entre sus extremidades. Davis dice poder realizar esto gracias a un diferenciador y a los desfases relativistas de la dilatación temporal. Se trata, simplemente, de llevar con el acelerador de partículas a un extremo del agujero negro a velocidades próximas a la luz durante el tiempo suficiente para producir una discrepancia temporal entre ambas aberturas.

Todo parece muy sencillo, pero hasta en este hipotético agujero de gusano, nos surge otra paradoja que mencionaré pero no voy a tratar de resolver, porque sencillamente desconozco la respuesta. La paradoja de los agujeros de gusano artificiales, como el propuesto por Davis, reside en el hecho que no se puede viajar a un pasado más remoto que el de la fecha en la que se construyó el agujero de gusano.

La serie *Stargate* de televisión se basa, en parte, en la idea de Davis, una serie que explota las posibilidades de desplazarse de un planeta a otro a través de unas puertas que se abren y se cierra y cuya tecnología es traída de una civilización a otra para establecer contacto entre los diferentes seres que pueblan el Universo.

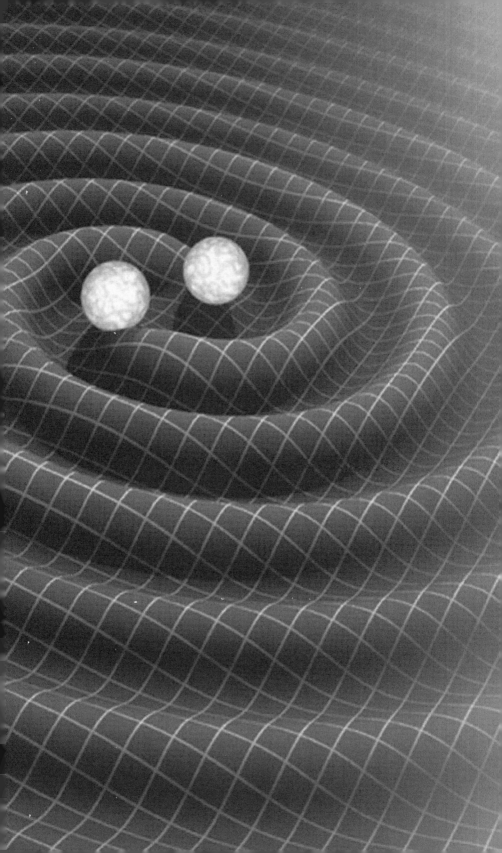

CAPÍTULO 11

ONDAS GRAVITACIONALES

«*La detección de ondas gravitacionales abre la puerta a una nueva forma de mirar el Universo... tiene el potencial de revolucionar la astronomía.*»

STEPHEN HAWKING

«*El descubrimiento de las ondas gravitacionales es tan importante como el descubrimiento del bosón de Higgs.*»

STEPHEN HAWKING

GRITOS AGÓNICOS DE UN AGUJERO NEGRO

Eran las 11,50 del 14 de septiembre de 2015, la vida entre los habitantes de la Tierra transcurría como cualquier otro día, ajenos a que, desde una galaxia muy lejana, nos llegaba una señal muy peculiar: una gran tragedia se había desatado hacía mucho tiempo. Las antenas del observatorio Ligo, captaron aquel grito de agonía de un agujero negro que era engullido por otro más grande, un alarido convertido en una vibración del espacio-tiempo. Era una señal de pasado, un suceso monstruoso del Universo acaecido hace 1.300 millones de años, un acontecimiento que laceraba toda posible vida planetaria en su proximidad.

Las antenas de Ligo, una en Hanford (Washington) y la otra en Livingston (Louisiane) eran atravesadas por una vibración del espacio-tiempo, una onda que bautizarían, más tarde, con la clave GW15.09.14 (Gravitational Wave y la fecha). Ese día, espectacular para nosotros pero, tal vez, fatal para algún tipo de vida cercana a su origen, pasará a la historia de la astronomía como triunfal, ya que no sólo se confirmaba otra teoría de Einstein, sino también la existencia de los agujeros negros de Hawking. Pero lo más importante es que nacía la astronomía gravitacional.

Hasta ahora habíamos observado el Universo a través de los grandes espejos de los telescopios que captaban los fotones de luz; habíamos dotado estos telescopios con instrumentos para observar imágenes en infrarrojo, UV, X y gamma. Ahora se abren las puertas a una nueva exploración de fenómenos desconocidos dentro de un Universo rico en sucesos violentos. Podremos descubrir astros desconocidos y la infancia del Universo, captar las ondas gravitacionales que originaron el *big bang*, otros gritos agónicos de supernovas que explotan y veloces estrellas de neutrones girando sobre sí mismas. Una violencia cósmica que, por suerte, se produce en lugares alejados de nosotros, y que arrasa con toda la posible vida que pueda existir en su entorno, indiferente a los planetas cercanos y otros ubicados a millones de años luz de esas tragedias. Algunos creemos que el Universo está lleno de vida que se esparce por sus 10 millones de supercúmulos, 350 mil millones de grandes galaxias y 7 billones de galaxias enanas que, entre unas y otras contienen 30 mil millones de billones de estrellas con incontables planetas. ¿Con estas cifras quién puede dudar de la existencia de vida? Pero igual que existe la vida, existe la muerte y la destrucción. Trillones de asteroides se mueven por el espacio en órbitas que terminan colisionándolos contra planetas repletos de vida o en una fase de evolución, realidades que quedan cortadas y llevadas a desesperantes extinciones. En otras ocasiones la fatalidad tiene nombre de agujero negro, nova o supernova, estrella de neutrones, cometa «maldito» u ondas gravitacionales. El azar con el que los seres de los planetas sobreviven, no sólo depende de la climatología de su planeta, de los volcanes o super-volcanes... sino, también, de los peligrosos comportamientos de los cuerpos celestes víctimas, a su vez, de un destino caprichoso.

Antes de adentrarnos en los hechos captados el 15 de septiembre de 2015, sepamos que este suceso ha significado un ligamen entre la relatividad general, que se rige por la escala cosmológica, y la física cuántica que se aplica al mundo subatómico. Su unión se denomina «gravedad cuántica».

La gravedad cuántica es la única teoría que no tiene una manifestación, ya que solamente el *big bang* y los agujeros negros, capaces de provocar una distorsión del espacio-tiempo, obedecen a la gravedad cuántica. Los agujeros negros que han provocado esta onda, suceso del que hablaremos seguidamente, ha sido un fenómeno que estaba descrito por la relatividad general. Pero sepamos que cerca del horizonte de sucesos de esos agujeros negros, también es posible reproducir efectos cuánticos.

LIGO es un detector subterráneo cuyo nombre se corresponde con las siglas en inglés de Observatorio de Interferometría Láser de Ondas Gravitacionales.

EN UNA GALAXIA MUY LEJANA

Regresemos a los hechos captados por las antenas del Observatorio Ligo. En una galaxia lejana a una distancia de nosotros, tal que la luz ha tardado 1.300 millones en llegar –por lo que estos hechos se producían cuando la Tierra se encontraba en el Meso-proterozoico, poblada de células microbianas que comenzaba a dividirse en grandes tipos: bacterias y arqueas -, dos agujeros negros de 29 y 36 veces la masa de nuestro Sol, entraron en colisión. Su campo gravitacional era tan fuerte que no permitía que la materia y la luz se escapasen.

Los posibles planetas de esa lejana galaxia eran ajenos a la gran tragedia, inevitable, que se avecinaba entre aquellos dos cuerpos invisibles que giraban desafiantes uno alrededor del otro a una velocidad de 200.000 km/s.

Tal como ya predijo Einstein esta terrible danza provocaba una vibración del espacio-tiempo con unas ondas que se desplazaban por todo el Universo. Unas ondas que deforman el espacio-tiempo e, incluso, pueden modificar la distancia entre planetas. En la proximidad del fenómeno sus efectos eran más intensos, seguramente se produjeron tormentas que deformaban el espacio y aceleraban y desaceleraban el tiempo.

La danza «derviche» de los agujeros negros llegó a su fin cuando el más grande engulló al más pequeño o se fusionaron los dos en uno. La fusión produjo esa onda que, 1.300 millones de años más tarde ha llegado a la Tierra y era registrada por el equipo Ligo de Louisane. Siete milisegundos más tarde era el equipo de Hanford quién recibía la señal; los 3.000 km entre ambas antenas había sido recorrido tal como lo supuso Einstein: a la velocidad de la luz.

En la lejana galaxia la fusión de ambos agujeros negros alcanzaba una masa total de 62 veces el Sol, faltaba el equivalente a tres masas solares de energía, ya que 29 + 36 es igual a 65, y respetando la célebre ecuación de Einstein, $E = m c^2$, aquellas tres masas solares habían sido liberadas en forma de ondas gravitacionales, haciendo vibrar todo el espacio de nuestro Universo. Eran muy débiles, pero los detectores fueron capaces de captar el paso de la onda que produjo un equivalente a la diezmilésima parte del diámetro de un núcleo atómico. Ni Einstein pudo imaginar esta precisión de nuestros instrumentos cuando consideró que «jamás la humanidad sería capaz de medir tan débiles ondas». No menospreciemos la opinión de Einstein ya que es difícil imaginar un detector capaz de medir desde la Tierra el espesor de un cabello puesto sobre el Sol[1].

HAWKING: «TAN IMPORTANTE COMO EL BOSÓN DE HIGGS»

Ha sido un gran avance para la astronomía, un salto de resultados inesperados e insospechados, que nos abre los ojos a nuevos descubrimientos y, también, nuevos misterios del Universo. La astronomía ha vivido su momento importante. «Es como el momento en que Galileo miró por primera vez con su telescopio el cielo en el siglo XVII» destaca France Cordova[2].

Stephen Hawking fue uno de los primeros en manifestar su entusiasmo por el descubrimiento, por un lado estaba el hecho que confirmaba sus teorías sobre la existencia de agujero negros, por otro lado, sabe que este éxito se traduce en finan-

1. Catherine Mary Man, directora de investigaciones del CNRS en el laboratorio Artemis (Costa Azul) recordando que le dijeron cuando solicitó financiación para este proyecto: «¡Ustedes están locos! Quieren medir, desde la Tierra, el espesor de un cabello puesto sobre el Sol».
2. Directora de la National Science Foundation, en Estados Unidos.

ciación para un proyecto que siempre ha sido visto como poco rentable y, sobre todo, espectacular de cara a los ciudadanos que son, en definitiva, los que pagan los impuestos que lo financia. Por estos motivos, Hawking, no dudo en manifestar que «los resultados conseguidos eran tan importantes como el descubrimiento del bosón de Higgs».

Mark Zuckerberg, dueño de Facebook, destacó que los resultados obtenidos se habían conseguido «gracias al talento de brillantes científicos e ingenieros de diferentes países, pero también gracias a los avances en la potencia de cálculo de los ordenadores». Barack Obama, uno de los presidentes americanos que está impulsando más los proyectos científicos, especialmente de la NASA, destacó: «¡Einstein tenía razón!». Kip Thorne, del Instituto de Tecnología de California (Caltech) y uno de los fundadores de Ligo, haciendo mención a lo que él y Hawking tanto tiempo han discutido ha destacado con ironía: «Las ondas gravitacionales no nos permitirán... viajar en el tiempo».

Los más de cien investigadores de Ligo se han asegurado con este éxito mayor financiación para su proyecto, e indudablemente ser candidatos a el Nobel de física de este año. Ligo, en Estados Unidos recibirá ayudas para aumentar su potencia, alcanzado el máximo de potencia en el año 2020. En cuanto a Europa, este año 2016 empezará a funcionar Virgo, y también será lanzado LISA Pathfinder, un observatorio similar. LISA está proyectada por la Agencia Espacial Europea, y estará compuesto por tres satélites que formarán un triángulo de un millón de kilómetros de lado, estando los satélites unidos por láser. El proyecto, salvo adelantos financieros no proyectados, estará en funcionamiento en 2034.

Con este descubrimiento se confirma la última de las predicciones clásicas de la teoría general de la relatividad. Einstein había intuido la existencia del fenómeno de la gravitación, para él era el resultado de la deformación del tejido del espacio tiempo, un escenario cuya materia se veía afectado por la cantidad y la energía que contenía. Si había mucha energía el espacio colapsaba en regiones que vemos como agujeros negros; si el vacío contiene energía el espacio se dilata. Sin embargo, esta elasticidad del espacio sugiere que alguna fuente de energía tiene que producir las ondas gravitacionales. La extrema debilidad de estas ondas ha sido la causa de que no las hayamos percibido con anterioridad, era necesario o instrumentos muy sensibles o un fenómeno cósmico muy potente. Han sido los instrumentos y su gran sensibilidad los que nos han permitido captar fenómenos lejanos. Y estos instrumentos son, ahora, una herramienta que nos hará cambiar nuestra visión del Universo en los próximos años y, al mismo tiempo, nos han confirmado la existencia de los agujeros negros.

CAPÍTULO 12

LA TEORÍA DEL TODO

«Si se encontrase la teoría del Todo los físicos podrán saber si las máquinas del tiempo son posibles y lo que sucede en el centro de los agujeros negros y esto, nos concedería la capacidad de leer la mente de Dios.»

STEPHEN HAWKING

Breve apunte sobre el *Big bang*

¿Cómo apareció el Universo? ¿Cómo surgió algo de nada? Stephen Hawking, mantiene que el Universo surgió de la nada por obra de la gravedad. Seguidamente añade, en uno de sus primeros brotes de ateísmo que «... las leyes de la naturaleza no serían sino un accidente del Universo en particular que nos ha tocado vivir. Es posible responder a estas cuestiones sin salir del ámbito científico y sin recurrir a ningún ser divino».

No comentaremos aún las opiniones de Hawking sobre Dios, entraremos en ese tema en el capítulo siguiente, ya que merecen un espacio destacado. Si hablaremos, brevemente, del *big bang* y algunas teorías de Hawking para abordar la teoría del Todo y la teoría de Cuerdas.

El origen del Universo fue estudiado por Hawking con Thomas Hertog del CERN y ambos desarrollaron la teoría *top-down cosmology*, en la que se planteaba que el Universo no tenía un único estado inicial, y que tras el *big bang* aparecieron microagujeros negros.

La primera pregunta que tenemos que plantearnos es: ¿Qué había antes del *big bang*? La respuesta sincera es que no se sabe con exactitud, pero todo apunta a que sólo existía la nada. Una nada auténtica, no como la de Michael Ende en *La historia interminable*. Una nada en la que no existía el espacio, la energía, la materia, ni el tiempo. Un símil comparable es confrontarlo con lo que éramos nosotros antes de nacer: no existíamos, no éramos nada.

En esa nada apareció nuestro Universo cuando, en un punto de singularidad, tuvo lugar una gran explosión (*big bang*). La materia, la energía, el espacio y el tiempo comenzaron de manera abrupta con esa gran explosión. Antes del estallido todo estaba comprimido en un espacio tan pequeño como una nuez, un espacio con una energía infinita. Fue este un suceso que acaeció hace 13.700 millones de años, y que se iniciaba con la era de Plank (10-43 segundos): tiempo más primitivo con significado en el que, el espacio y el tiempo, tomaron forma. Hawking diría de este instante en *Der Spiegel* el 17 de octubre de 1988: «...dado que es posible que el modo en que comenzó el Universo este determinado por las leyes de la ciencia... no sería necesario recurrir a Dios para decir cómo comenzó el Universo. No es una prueba de que Dios no existe, sólo de que Dios no es necesario».

Fue uno de los primeros «pepinazos» de Hawking contra la creencia de Dios. Algún «psicoteólogo» creyente, llegó a decir que eran las circunstancias de la enfermedad de Hawking las que le llevaban a decir estas cosas. Disculpa que es como decir que estar en una silla de ruedas lleva a plantearse ¿Por qué yo? Pues porque como diría el biólogo ateo Jackes Monod[1], en el Universo y en la naturaleza priva el azar, y lamentablemente a Hawking le tocó.

El *big bang* es el modelo científico que explica el origen del Universo a partir de una singularidad espacio-temporal. El modelo que domina en la astrofísica. Indudablemente existen otros modelos, como el de un Universo cíclico, pero no tan aceptado como el *big bang*. Hawking apoyó siempre el *big*

---

1. Autor de *El azar y la necesidad*.

bang, mientras que Fred Hoyle apoyó el modelo cíclico. Sobre el Universo destaca Hawking: «Mientras más examinamos el Universo, descubrimos que de ninguna manera es arbitrario, sino que obedece ciertas leyes bien definidas que funciona en diferentes campos. Parece muy razonable suponer que haya principios unificadores, de modo que todas las leyes sean parte de alguna ley mayor».

En los primeros momentos de la gran explosión la evolución del Universo pasó por distintas etapas. Primero sufre un proceso de expansión super-acelerado que se ha denominado inflación, un proceso que le dota de uniformidad. Tras esta inflación de escaso tiempo, acaece un largo periodo de expansión decelerada, en el que se cumplen las leyes de la relatividad general hasta que la energía oscura vuelve a dominar. A partir de ese momento, el Universo vuelve a expandirse de forma acelerada. Antes de seguir quiero destacar que no son las galaxias las que se expanden, es el espacio que se separa. El espacio se convierte en una especie de goma de un globo que se hincha, las galaxias se separan y las ondas de luz se alargan y, por tanto, enrojecen. Cada vez hay más espacio entre la Vía Láctea y las galaxias que se separan de nuestra galaxia, pero no son ellas las que se alejan, es el espacio entre la Vía Láctea y esas galaxias que crece y se expande. No es el caso de la galaxia más próxima a la Vía Láctea, la galaxia de Andrómeda, que se encuentra en ruta de colisión con la Vía Láctea y en un futuro muy lejano ambas chocarán. La galaxia de Andrómeda o M31, con un trillón de estrellas, se encuentra a 2,5 millones de años luz de nosotros, pero cada segundo está 300 kilómetros más cerca, lo que originará que choque con la Vía Láctea dentro de 3000 o 5000 millones de años.

Volviendo a la expansión acelerada del Universo, sabemos que aún hoy se mantiene y, previsiblemente, en el futuro seguirá, lo que se desconoce es durante cuánto tiempo.

Durante este acontecimiento, desde el origen hasta la actualidad, se han ido generando sucesivamente todos los elementos, compuestos y estructuras que observamos. Primero los núcleos de los elementos más ligeros, luego los átomos, después las galaxias y las estrellas y, finalmente, las condiciones necesarias para que aparezca la vida, en nuestro planeta y, con mucha seguridad, en otros planetas del Universo.[2]

Destaca Stephen Hawking que «en el Universo primitivo está la respuesta a la pregunta fundamental sobre el origen de todo lo que vemos hoy incluida la vida».

REFLEXIONES SOBRE LA REALIDAD Y LA TEORÍA DEL TODO

Muchos cosmólogos teóricos, entre ellos Stephen Hawking, buscan una teoría que unifique las cuatro fuerzas fundamentales, es decir, la interacción de la gravedad, la interacción del electromagnetismo, la interacción de la fuerza nuclear débil y la interacción de la fuerza nuclear fuerte, estas tres últimas integradas en el modelo estándar, mientras que la primera se re-

2. Sobre la aparición de la vida en otros planetas del Universo, es una opinión del autor basada en pura estadística. Una opinión, sin embargo, que comparten muchos científicos, entre ellos Stephen Hawking.

siste a dicha integración. Su integración significaría la teoría final que unificaría toda la física, pero esa teoría única se percibe más como un conjunto de teorías interconectadas en las que, cada una de ellas, nos ofrece una versión subjetiva de la realidad.

Muy brevemente recordaré algunos aspectos de las fuerzas fundamentales de las que ya hemos hablado en el capítulo segundo. La interacción de la gravedad es la que mantiene unido al sistema solar. En las galaxias su representación falla, ya que la fuerza que señala representa una masa muy superior en estos cuerpos que la que podemos ver, lo que hace sospechar en la existencia de la materia oscura.

La interacción electromagnética está definida por las cuatro ecuaciones de Maxwel. Sin esta interacción no habría luz, ni átomos, ni enlaces químicos.

Finalmente esta la interacción de la fuerza nuclear débil y la interacción de la fuerza nuclear fuerte. La primera es la fuerza de la desintegración radiactiva, calienta el centro de la Tierra y hace posible las reacciones que convierten neutrones en protones y viceversa. Es la responsable de la nucleosíntesis: creación de helio e hidrógeno que formaron las estrellas. Sin esta interacción parece improbable que un Universo pueda contener algo que se parezca a nosotros. En cuanto a la segunda, la interacción de la fuerza nuclear fuerte, es la que mantiene unido el núcleo del átomo. Su ruptura genera las explosiones nucleares que controladas nos abastecen de energía. Esta fuerza nuclear fuerte es la responsable de ligar los quarks para formar protones y neutrones. Sin esta interacción la materia no existiría.

La física ortodoxa y tradicional cree que existe un mundo exterior con propiedades claramente definidas e independientes del observador. No considera que el concepto de realidad depende de la mente del observador. Tampoco aborda como posibles las hipótesis de Smolin, que sugieren que las leyes físicas podrían evolucionar con el tiempo y de que el Universo guarda memoria de su propia historia.

Si aceptamos que la realidad depende del observador, llegamos a la conclusión que el mundo es algo que ha construido nuestra mente basándose en los datos sensoriales. Lo que nos lleva a que nuestra mente forma el mundo que percibimos, y la realidad que vemos –los objetos, y la luz que utilizamos para verlos–, están compuestos de electrones y fotones, partículas que están gobernadas por la mecánica cuántica.

La realidad que nos ofrece la teoría cuántica es una ruptura con la física clásica, ya que, esas partículas y otras, no poseen posiciones ni velocidades definidas, adquieren estos atributos cuando un observador las mide. Pero también sucede que no se puede conocer simultáneamente la velocidad y la posición de una partícula[3]. Por otra parte, antes de realizar una observación, un objeto existe en todas las condiciones posibles[4], incluso las más absurdas.

El tiempo también presenta diferencias entre la física clásica y la cuántica. El pasado es para la primera algo que existe como una serie definida de eventos, mientras que para la segunda, tanto el pasado como el futuro, es indefinido, es algo que existe sólo como un espectro de posibilidades.

Bien, entonces qué es la realidad, ¿Vivimos una realidad? ¿Somos un holograma? ¿Nuestro mundo es digital como el de la película *Matrix*? ¿Cómo sabemos que no vivimos en un

3. Principio de incertidumbre de Heisenberg.
4. Interpretación de Copenhague.

mundo virtual? ¿Podemos vivir, sin saberlo en una realidad virtual generada por ordenadores inteligentes?

Craig Hogan intenta poner a prueba nuestro espacio tridimensional y demostrar que sólo es una ilusión. A escala macroscópica el espacio-tiempo parece continuo, pero en última estancia pertenecemos a un mundo cuántico, somos partículas que «salen» y «entran» en nuestro cuerpo, seres que vibran continuamente, aunque nuestros ojos y mente sólo vean figuras compactas aparentemente reales.

Si viviésemos en un mundo virtual los sucesos no serían lógicos, ni obedecerían ninguna ley. Pero también puede ocurrir que esos ordenadores desarrollasen leyes físicas coherentes y no sabríamos si existe otra realidad detrás de la programada. Asímismo los habitantes del mundo simulado, al no poder observar su mundo desde fuera, estarían convencidos de que están en la realidad.

La teoría de Cuerdas parece una salida que resolvería la unificación de todas las fuerzas, incluso compatibilizaría la fuerza de la gravedad con las leyes de la física cuántica. Claro que no existe una sola teoría de Cuerdas, sino cinco. Y a esas cinco teorías se sumó la teoría de la supergravedad en once dimensiones; por otra parte, las cinco teorías describen los mismos fenómenos. Cada teoría de Cuerdas sólo describe adecuadamente los fenómenos bajo determinadas condiciones, ninguna logra describir por sí sola cada aspecto del Universo. De esta aproximación surge una teoría más fundamental a la que se le ha dado el nombre de *M*, aunque se debe advertir que la teoría M no es una teoría única, sino un conjunto de teorías que permite modelizar el Universo de diferentes maneras. Así, para describir el Universo necesitamos teorías diferentes que nos dan su propia versión de la realidad sin que esta sea más real en una que en otras.

La teoría de Cuerdas pretende proporcionar una descripción unificada de todas las partículas e interacciones fundamentales a partir de entidades microscópicas «cuerdas» y sus modos de vibración.

Esta esta teoría quiere solucionar la incompatibilidad entre la mecánica cuántica y la relatividad general de Einstein. Para ello hacen predicciones que los medios técnicos actuales no pueden poner a prueba con ningún experimento.

Dado que la mayoría de las predicciones de la teoría de Cuerdas afectan a escalas de energía que no se pueden sondear con los medios actuales, que son, y tal vez serán, inaccesibles para el ser humano. Incluso al hablar del concepto de «paisaje» nos enfrentamos con un número casi inconcebible de Universos posibles, billones de Universos imposibles de certificar su existencia o averiguar si el nuestro es uno de ellos.

Esta situación ha sido objeto de críticas de otros científicos, un debate entre partidarios y detractores. Los partidarios, admitiendo estas deficiencias, siguen aspirando a convertirla en una verdadera «teoría del Todo». Pero los intentos de aplicarla al campo gravitatorio han resultado infructuosos. También alegan la falta de alternativas para formar una teoría del Todo.

¿Qué es la teoría de Cuerdas?

La teoría de Cuerdas es un complejo difícil de explicar en el que, a medida que se avanza, se va haciendo más incompresible para la mente humana del profano en la materia, especialmente, cuando se habla de diez y veinte dimensiones. Es un mundo matemático ideal para una mente privilegiada como la de Hawking. Por lo que vamos a tratar de explicar, lo más sencillamente posible, esta teoría para que el lector tenga una idea de sus fundamentos.

La teoría de Cuerdas sugiere que las partículas no son puntos, sino minúsculos filamentos vibrantes. Hilillos microscópicos que flagelan en lo más profundo de la materia. Estos filamentos vibran con pautas diferentes que dependen de su masa. Así, la cuerda del electrón vibra con menos energía que cada cuerda de quark. Destacaré que las cuerdas tiene dos tipos de vibraciones: en sentido de las agujas del reloj (espacios de 10 dimensiones), y en sentido contrario a las agujas del reloj (espacios de 22 dimensiones).

La supuesta estructura básica de toda la materia, según la teoría de Cuerdas, es una especie de filamentos de sutil energía que explicaría la maravillosa variedad de todo lo que hay en el Universo.

Estamos hablando de un mundo infinitamente pequeño, donde el tamaño de la cuerda, esa partícula en forma de filamento, es del orden de la longitud de Planck, es decir, 10-33 centímetros. Un mundo teórico que no podemos ver con los más potentes microscópicos.

En la teoría de Cuerdas se hace referencia constante a la supersimetría. Pues bien, la supersimetría es aceptar que por cada tipo de partícula conocida tiene que haber un tipo de partícula asociado que tiene las mismas propiedades en relación con las fuerzas eléctricas y nucleares. Este mismo concepto se aplica a las cuerdas. También se hace referencia a las dimensiones extras y gravedad, ya que se considera que más dimensiones suministran un dominio más grande en el que, en su interior, pude difundirse la gravedad.

Las cuerdas, estos filamentos vibrantes, podrían estirarse y hacerlos más grandes, pero para ello habría que aplicar una fuerza de 1010. La longitud de la cuerda está controlado por su energía, y las cuerdas se presentan en dos formas: lazos y segmentos. Nuestro cuerpo puede ser considerado como una enorme colección de cuerdas: moléculas y proteínas.

Sepa también el lector que no existe una teoría de Cuerdas, sino más bien cinco versiones diferentes que están relacionadas y cuya unión global es la teoría M. Y que el número de dimensiones que se requiere en la teoría de Cuerdas es diez, combinadas con el tiempo serían once. Así, el Universo M es de diez dimensiones de espacio y una de tiempo; total once dimensiones espacio-temporales.

No quiero complicar mucho la mente del lector con una de las teorías más complejas de la mecánica cuántica, la cosmología, el espacio y el tiempo. Solamente explicaré que la teoría de Cuerdas contiene membranas o dos-branas; tres branas, objetos con tres dimensiones espaciales; cuatro-branas, con cuatro dimensiones, y así hasta nueve-branas. El concepto «brana» nos lleva a los mundobranas, en que algunos pueden ser muy parecidos al nuestro al estar llenos de galaxias, estrellas y planetas; pero otros podrían ser muy diferentes. En un escenario mundobrana nuestro Universo es tan solo uno de los muchos que pueblan el multiverso-brana.

Dado que algunos científicos afirman que nuestro Universo es uno más entre innumerables universos paralelos, la teoría de Cuerdas defiende que estos otros universos presentan características diferentes al nuestro, es decir, serían universos que albergarían otro tipo de partículas y habría otras fuerzas fundamentales.

Resumiendo vemos como la teoría de Cuerdas ha situado bajo un mismo techo la gravedad, las fuerzas electromagnéticas, fuerte y débil; también predice la existencia de dimensiones extra, y admite múltiples universos, todo ello basándose en un conjunto de ecuaciones que determinan magnitudes físicas como la energía del vacío.

Espacios paralelos y Universos burbuja

No podemos terminar este capítulo sin mencionar los espacios paralelos. Las nuevas teorías –teoría cuántica, teoría de Cuerdas–, hacen entrever la posibilidad de múltiples universos paralelos conformando un multiverso.

Un pionero en esta idea fue Hugh Everett III, que ya desarrolló la posibilidad de que, cada vez que tomamos una nueva decisión, nuestro Universo se desdobla en un nuevo camino. Esta hipótesis tan extraordinaria tiene como base la mecánica cuántica que ya predice que dos objetos pueden estar en el mismo espacio-tiempo. Este hecho se ha denominado como la Interpretación de Mundos Múltiples IMM, con la que Hawking está de acuerdo, igual como lo estuvo Feynman y ahora Murray Gell-Mann y Roger Penrose. Hawking destacó que «...la IMM es trivialmente correcta».

Un recorrido por los universos paralelos, nos lleva a la posibilidad de la aparición de una infinidad de universos que, sin cesar, surge de un vacío primordial. Nuestro Universo será uno de los muchos universos de un conjunto mayor, denominado multiverso.

Los multiversos son un campo serio de estudio en la cosmología, y cada vez hay más investigadores que creen que existen realmente. Su existencia se apoya en que nuestro Universo se formó a partir de una región microscópica de un vacío primordial mediante un estallido de expansión exponencial, la llama inflación. Nada contradice la idea de que este vacío podría estar generando otros universos, cada uno con sus propias leyes físicas, algunos habitados con seres iguales a nosotros, otros con seres completamente distintos.

Existen multiversos de distintos niveles. Vemos que el Nivel 1 es el tipo más simple de Universo paralelo, es una región del espacio que no hemos visto aún dada su extrema lejanía. Solamente podemos observar hasta 42.000 millones de años luz, la distancia que la luz ha recorrido desde el *big bang*. Los universos paralelos del Nivel 1 son como el nuestro, posiblemente con pequeñas diferencias en la distribución de la materia.

El universo paralelo o multiverso de Nivel 2 emerge de la teoría de la inflación cósmica. Nuestro multiverso sería una gran burbuja, en su mayor parte vacía. Este Nivel 2 nos ofrece otras burbujas desconectadas de la nuestra y con otras propiedades diferentes.

El multiverso de Nivel 3 ya está predicho en la mecánica cuántica, son universos que se encuentran en otra parte, fuera del espacio ordinario. Preferido por Hawking este nivel se caracteriza por el hecho de que cada manera de ser del mundo que pueda concebirse, dentro del ámbito de la mecánica cuántica, corresponde a un universo diferente.

Finalmente está el Nivel 4, donde los universos difieren no sólo en posición o estado cuántico, sino en las mismas leyes de la física. Son universos que difícilmente podemos representar al estar fuera del espacio y del tiempo, son formas abstractas gobernadas por estructuras matemáticas de sus propias leyes físicas.

Al margen de estos cuatro niveles se pueden desarrollar otras nociones de universos paralelos en diferentes contextos. Al margen de los multiversos ya descritos existen tres nociones más de multiversos. Uno de ellos es la denominada burbuja de Hubble, que se asienta en el hecho de que nuestro Universo es mucho más grande de lo que podemos observar. Si es infinito, debería haber infinitas burbujas de Hubble, algunas en los confines de nuestro Universo, otras idénticas a la nuestra con doble del lector, es decir, como usted y leyendo el mismo libro, en la misma página y mismo párrafo.

También puede darse el caso que el espacio tenga más de tres dimensiones y nuestro Universo podría ser una de estas membranas tridimensionales o «branas». Este sería un multiverso donde los «Universos paralelos» interactúan entre ellos.

No son ideas descritas por los novelistas de ciencia-ficción, sino por cosmólogos que estudian, por ejemplo, la posibilidad de un universo alternativo al nuestro, un universos que tenga tres interacciones fundamentales en vez de cuatro como el nuestro, un universo que mantiene, tras eliminar la interacción débil, las otras tres y pese a ello vemos, en este experimento de exploración de universos alternativos, que el universos llega igualmente a conseguir realizar la fusión nuclear de las estrellas.

Finalmente está la hipótesis de los múltiples mundos, basado en la mecánica cuántica, donde un mismo objeto puede existir simultáneamente en distinto estados, sólo la mediación externa le permitirá adoptar un estado concreto. Como el famoso gato de Schrödinger que puede estar vivo y muerto a la vez. Al lector que le interese saber más sobre este experimento y ampliar sus conocimientos sobre la mecánica cuántica, le recomiendo mi libro, en esta misma editorial titulado *Los gatos sueñan con física cuántica y los perros con universos paralelos*.

ANOMALÍAS O TENDENCIA AL CAOS

Nuestro Universo entraña muchas preguntas y escasas respuestas, entre ellas, el misterio de la energía y la materia oscura. La energía oscura representa el 70% de toda la masa y energía del Universo; y la materia oscura, que no guarda relación con la energía oscura, representa, a su vez, el 25% del total. Quizá estas escurridizas masas del Universo, sean la causa de su expansión. No son las dos únicas anomalías que se han detectado en el Universo que nos rodea.

Nuestro Universo está lleno de anomalías que no sabemos explicar, la energía y la materia oscura son, sin duda, las más importantes, pero un rápido recorrido nos ofrece muchas otras anormalidades que los astrónomos y los cosmólogos no saben encontrar una respuesta. No vivimos en un universos que sigue unas leyes previsibles, existen extrañas anomalías y como dicen algunos cosmólogos una tendencia al caos.

Podemos citar el exceso de ondas de radio que se produjo en el 2013, con una frecuencia de 0,07 MHz, cuando lo normal son 0,01. Otra anomalía es la radiación de fondo que es dos veces más intensa, con un 50% de fotones de origen desconocido. Ha sido también una sorpresa el descubrir que 25 galaxias enanas están en el mismo plano, cuando deberían estar en torno a la galaxia. Millones de pulsars están en la periferia de la Vía Láctea, pero 16 de ellos se encuentran, misteriosamente, ubicados cerca del centro. También se han detectado galaxias demasiado rápidas, dos o tres veces superior a lo normal, con velocidades entre 200 y 300 kilómetros por segundo, cuando no deberían pasar de 100 km/segundo. Otro hecho anómalo es el movimiento irregular de estrellas gigantes rojas. Unas 4.600 estrellas se mueven como si tuvieran dos veces más masa de la prevista en el halo de materia oscura de la Vía Láctea. También nos encontramos con que el 90% de las galaxias son planas, mientras que la teoría predice la existencia de un bulbo grueso. ¿Anomalías o caos?

CAPÍTULO 13

LOS CIENTÍFICOS NO CREEN EN DIOS

«Hay una diferencia fundamental entre la religión, que se sustenta de la autoridad, y la ciencia que se basa en la observación y la razón. Esta última ganará, porque funciona.»

STEPHEN HAWKING

«La ciencia no deja mucho espacio para milagros o para Dios.»

STEPHEN HAWKING

La revista inglesa *Physics World* eligió, entre 250 físicos de todo el mundo, las diez figuras más importantes de la historia de la física, y por orden de importancia destacó: Albert Einstein, Isaac Newton, James Clerk Maxwell, Niels Bohr, Werner Heisenberg, Galileo Galilei, Richard Feynman, Paul Dirac, Erwin Schrödinger y Ernest Rutherford. Como podemos ver ocho de ellos pertenecen al siglo XX. Respecto a sus creencias Einstein era panteísta; Dirac, ateo; Rutherford indiferente; Feynman, ateo; Maxwell creyente; Bohr veía la religión y la ciencia como complementarias; Schrödinger, orientalista; Newton, arriano; y Galileo creyente por obligación. Heisenberg no formó parte de ninguna Iglesia, pero poseía cierto misticismo. Schrödinger estaba influenciado por la filosofía oriental, especialmente el contenido de los textos Vedas y los Upanisad.

Cabe citar también a Max Planck que nació en 1858 y murió en 1947. Planck es el gran ignorado, en muchos casos, por su postura ambigua frente al nazismo. Fue uno de los pocos científicos judíos que sobrevivió al régimen de Hitler quién ordenó fusilar a su hijo por colaborar en el atentado de 1945 contra el régimen hitleriano. Planck fue muy criticado por su postura ambigua frente al nazismo, otros que colaboraron más firmemente con la ciencia nazi, como Werner von Braum, no tuvieron tales reproches. Planck fue religioso toda su vida, ya que creía que la ciencia y la religión no eran incompatibles, y que no había moral posible fuera de la religión. Criticó duramente el ateísmo y lo consideró un peligro para la esperanza de un futuro mejor.

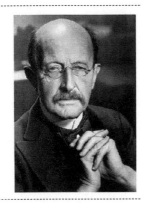

"Para las personas creyentes, Dios está al principio. Para los científicos es el final de todas sus reflexiones".

La fe, para Planck, era compatible con la ciencia. Su ambigüedad política se contagia a la religión cuando afirma que «religión y ciencia mantienen una batalla conjunta e incesante contra el escepticismo y contra el dogmatismo, contra la incredulidad y contra la superstición». Esta batalla es utópica, ya que la religión sigue siendo crédula, dogmática y supersticiosa.

Una mayoría de los grandes científicos han sido duramente tratados por la Iglesia a causa de sus descubrimientos o su postura anticlerical, como es el caso de Stephen Hawking que incluso tuvo un toque de atención de Juan Pablo II[1]. Hawking había impartido una conferencia en Roma en la que sugería un modelo de Universo finito, sin fronteras, y por tanto sin el instante de la creación. Poco después asistía a una audiencia concedida por Juan Pablo II, quién en un momento del encuentro, el papa le desaconsejó el estudio del *big bang*, alegándole que «se trataba de un momento de la Creación y por tanto de la obra de Dios».

---

1. Suceso que narra en su libro *Historia del Tiempo*.

Fue una inoportuna intervención papal, en una época en la que Iglesia ya no debe inmiscuirse en asuntos políticos ni en los avances de la ciencia. En otra época, Hawking, no habría sido víctima de esta observación del papa, sino que hubiera sido reo de la Inquisición. Por supuesto que Hawking hizo caso omiso a las palabras de Juan Pablo II y continuó investigando sobre las teorías físicas de la eternidad donde el Cosmos sería una entidad

Juan Pablo II quiso disuadir a Hawking de intentar averiguar cómo se produjo exactamente el origen del Universo.

autocontenida sin lugar para que Dios tuviera alguna oportunidad de elegir al crear el Universo. Es evidente que Hawking tiene muy clara cuál es su postura filosófica y teológica.

EINSTEIN, UN PANTEÍSTA CÓSMICO

Abert Einstein, en el siglo XX, fue un ejemplo de la actitud hostil de las religiones, ya que su teoría de la relatividad no estuvo exenta de críticas por parte de las diferentes creencias. Judaísmo y catolicismo vieron una amenaza para sus creencias en la teoría de la relatividad, en la que percibían una relegación de Dios y creían que Einstein lo había convertido en una mera serie de leyes físicas. En 1929 la revista *Reflex*, que se editaba en Chicago, publicó una editorial acusando a Einstein de haber afirmado una «pura blasfemia» con su teoría de la relatividad.

El cardenal O´Connell de Boston dijo de las teorías de Einstein que eran una «especulación oscura, que producía duda universal sobre Dios y su creación». L´Osservatore Romano apoyó a O´Connell destacando que las nuevas teorías «tendían a separar la de fe de Dios de la vida humana», el órgano de Vaticano finalizaba calificando el descubrimiento de auténtico ateísmo, camuflado de panteísmo cósmico.

Einstein declaró que «lo que intento conseguir es servir a la verdad y a la justicia desde mi débil capacidad, aun sabiendo que corro el riesgo de no complacer a nadie».

¿Era ateo Einstein? Para Antonio Fernández-Raña, catedrático y presidente de la Real Sociedad Española de Física, a quién le cuesta calificar a alguien de ateo, Einstein tenía ciertas creencias muy particulares. Personalmente lo veo más cerca del panteísmo. Como afirma Einstein en *Mis ideas y opiniones*, la verdadera religiosidad es el conocimiento. Si Einstein tenía una religiosidad era, como el mismo afirmaba, cósmica y basada en un Dios personal. Sigo viendo en estas declaraciones un panteísmo cósmico.

Cuando el rabino Herbert Goldstein de la Sinagoga Internacional de New York le preguntó si creía en Dios, Einstein respondió: «Creo en el Dios de Spinoza –por el que sentía gran admiración–, en el de la armonía del mundo, no en un Dios que se ocupe del destino y los actos de los seres humanos», en realidad Einstein en *Mis ideas y opiniones,* destacaba que no podía concebir un Dios que premiase y castigase a sus criaturas, en algunos casos durante toda la eternidad.

Recordemos que Einstein vivió una época en la que el ateísmo aún era un estigma, uno podía verse marginado si se le consideraba ateo, motivo por el cual Einstein no quería que lo considerasen ateo, pero también rechazaba el calificativo de místico. Al final de su vida se fue acercando a las religiones orientales, tal vez perdió la poca fe que tenía tras ver los resultados del Holocausto por el que dijo horrorizarse. Tal vez en su intimidad se preguntó como un Dios, toda bondad, había permitido que se cometiese con los judíos y otras personas semejante barbaridad. Cómo había permitido los terribles sufrimientos que acaecieron en los campos de concentración, así como la muerte de niños completamente inocentes.

Para Ken Wilber en *Cuestiones cuánticas,* existía un misticismo en Einstein, una mezcla de Spinoza y Pitágoras. Cree Wilber que Einstein siempre estuvo profundamente y devotamente convencido de que ciencia y religión constituyen empeños necesariamente distintos, la motivación que realmente subyace en todo es el «misterio de lo sublime».

La verdad es que Ken Wilber no concibe el ateísmo como una forma que, en el fondo, contiene cierta espiritualidad. Para Wilber, en ocasiones, parece que sólo cuenten las grandes tradiciones espirituales y el misticismo. Y lo expreso desde mi admiración a su obra que he leído entusiasmado, pero parece siempre como si hubiera olvidado esta faceta de las creencias o no creencias que aglutina a más de mil millones de personas en el mundo.

El azar no existe; Dios no juega a los dados.

Albert Einstein [Alemania, 1879 - USA, 1955]

Einstein decía que no veía ninguna incompatibilidad entre ciencia y religión, y utilizaba a menudo la palabra Dios para formularse preguntas, así se preguntaba que le gustaría saber si Dios podría haber creado el mundo de una manera distinta. Una de sus más conocidas expresiones, que ya hemos mencionado, fue: «No creo en un Dios que juegue a los dados». Más tarde Stephen Hawking le respondió: «No sólo juega a los dados, sino que a veces los arroja adonde no los podemos ver».

Einstein participó con Russell en la firma de un manifiesto que advertía del riesgo de la energía nuclear, destacaba: «Antes la ciencia era inocua; hoy se ha convertido en una pesadilla que nos hace temblar».

En otra de sus intervenciones destacó: «La libertad de investigación y aplicación socialmente útil de sus resultados depende de factores políticos. Por eso los científicos tienen la obligación de participar activamente en política. Han de tener valor, como maestros y publicistas, de formular con claridad sus convicciones políticas y económicas. Mediante la organización y la acción colectiva han de intentar protegerse, ellos y la sociedad, contra todo atentado de la libertad pre vigilantes en este terreno».

A Einstein le irritaba la idea del *big bang*, le parecía insensata, de la misma manera que su determinismo le llevó a oponerse a la física cuántica basada en leyes de probabilidades y el azar.

El *BIG BANG*, ¿Tuvo Dios alguna otra opción?

A principios de la década de 1930 nacería la teoría más importante de la cosmología y la que más debates ha originado entre científicos. Pese a sus connotaciones fue aceptada con bastante gratuidad por la Iglesia católica, estamos hablando sobre la teoría del *big bang*.

Fue el sacerdote y físico George Lemaître quién expuso que el Universo surgió de una masa extremadamente caliente y densa sin que el espacio haya dejado de expandirse desde entonces. En principio este suceso acaeció hace 13.700 millones de años, hoy sabemos con más exactitud esa fecha que es de 13.810 millones de años. Lo que no han cambiado han sido las galaxias que siguen alejándose una de otras. Esta expansión fue observada por primera vez por Edwin Hubble, y fue Fred Hoyle, que mantenía la idea de un Universo sin principio, eterno, quien acuñó el nombre de *big bang* de una forma irónica, aunque luego este término fue adoptado seriamente.

La ley de expansión del Universo de Hubble, es para algunos astrónomos el descubrimiento más importante de todos los tiempos, y uno de los pilares de la cosmología moderna.

La hipótesis de que el Universo comenzó como un punto de inmensa densidad que posteriormente fue expandiéndose fue compartida por Edwin Hubble y Georges Lemaître.

Edwin Hubble descubrió, en 1929, que cuanto mayor es la distancia de una galaxia respecto a un observador en la Tierra, con más velocidad se aleja. Este descubrimiento demostraba que el Universo se expande. Esto contradeciría el modelo cosmológico de estado estacionario que Fred Hoyle hizo popular en los años cincuenta, y para quien el Universo existía desde siempre y no tendría fin. Pero en 1965 se descubriría la radiación de microondas un remanente del *big bang*.

La ley de expansión del Universo de Hubble se descubrió al calcularse el desplazamiento al rojo de muchas galaxias. La expansión del Universo se convertiría en una de las principales pruebas del *big bang*. Existió por tanto un Universo primigenio que se fue expansionando. Esta teoría coincidía con la creación bíblica, pero el origen de ese Universo causaría algunas controversias que veremos más adelante.

Mientras los científicos se dividieron por el contenido de la teoría del *big bang*, la Iglesia la aceptaba de buen grado y la interpretaba como el descubrimiento del *fiat* divino. Habló del *big bang* el papa Pío XII en 1951, en un discurso en la Academia Pontificia de Ciencias, destacando que veía en esta teoría parte del relato del Génesis. Pío XII tuvo un reinado lleno de controversias por su postura frente al nazismo y la famosa red Odessa. Se ha presentado como un papa admirador de la ciencia que se hizo fotografiar observando por un telescopio en 1957 la posible visión del primer satélite artificial, pero sus posturas humanistas no fueron del todo convincentes.

Juan Pablo II también se expresó términos semejantes con respecto a la teoría del *big bang*, pero se caracterizó por ser un papa enemigo de la modernidad. Para Lemaître esta aceptación papal significaba que ya no podía refutar su teoría sin contradecir al papa. Incluso le aconsejó a Pío XII no relacionar la fe con ninguna hipótesis científica.

En la Unión Soviética, aquella aceptación papal de una teoría en el dogma cristiano les pareció sospechosa y, por orden de Stalin los científicos soviéticos evitaron los estudios cosmológicos. Vemos un ejemplo de cómo una política dictatorial puede retrasar la investigación en un campo determinado de la ciencia.

Lemaître, con la teoría del *big bang*, trataba de esquivar problemas relativos al origen de este y la singularidad de su inicio, pero ¿cómo resolvía lo referente a que había antes del *big bang* sin entrar en cuestiones teológicas? Incluso, para evitar el principio del tiempo, llegó a aceptar la posibilidad de un Universo cíclico.

Muchos físicos consideraban la teoría de Lemaître como especulativa y alocada, tal como la designó el físico John Plaskett. Eddington veía dificultades insuperables a menos que se considerase bajo un aspecto sobrenatural.

Entre los científicos existió y aún existe cierta controversia respecto a la teoría del *big bang*. Al principio fue mal recibida por la comunidad científica. Para Einstein era una idea que le «irritaba» y «admitir la posibilidad del *big bang* era insensato». Otros científicos eran más duros, como Arthur Eddington que destacó: «Es una noción repugnante para mi.../... es absurda.../... e increíble», aunque más tarde, tras considerarla y estudiarla, la aceptase. Para el astrónomo Alan Sandage fue inicialmente «extraña e increíble», y el físico Phillip Morrison siempre alegaba que era una idea que le «gustaría rechazar». Roger Penrose admite el *big bang,* pero cree que se trata de un proceso cíclico, idea que ya no comparte la Iglesia, dado que significaría que el Universo ha existido siempre. Quienes sí veían la idea con interés eran los científicos hinduista, cuyas religiones cíclicas comportan la reencarnación.

El rechazo al *big bang* tiene un fondo teológico, una serie de complejas preguntas que, sin duda, no alcanzó a plantearse Pío XII cuando aceptó de buen agrado esta teoría porque, infantilmente, tenía cierta similitud con el *Génesis.*

Una simple intervención de la Iglesia ponía en peligro la más audaz teoría de todos los tiempos. Hoyle, que no era muy creyente, persistía en un Universo cíclico, eterno e invariable. Gamow, Alpher y Lemaître mantenían su teoría sin cambios. Otros científicos se mantenían en el modelo estacionario, pese a la crítica de otros muchos. El *big bang* estaba atascado en un barrizal y lo único que aportaba acuerdo era la expansión cósmica.

Eduard Punset explica sobre la teoría del *big bang* que «cada vez hay más pruebas que la versión científica sobre el origen del Universo está más cerca de la realidad porque en el caso del método científico se puede probar y con el método dogmático no se puede probar».

Josep Manuel Parra, del Departamento de Física de la facultad de Físicas de la Universidad de Barcelona, sentenciaba en una entrevista hecha en *La Vanguardia* en 2010: «El Dios tradicional no es compatible con la imagen que construye la ciencia del Universo. Ya no tiene sentido un Dios en el cielo; ya se ha visto que no. Y la conciencia son moléculas y estructuras de neuronas».

RADIACIÓN DE MICROONDAS Y EXPANSIÓN DEL UNIVERSO

Fueron Arno A. Penzias y Robert W. Wilson quienes desatascarían la situación cuando descubrieron que todo el cielo estaba saturado de radiación de microondas cuya máxima longitud de onda era de 7,35 cm. Penzias y Wilson habían encontrado el «fósil» del *big bang*, los primeros momentos del Universo. Es decir, las trazas que dejó los primerísimos instantes de la aparición del Universo.

El descubrimiento de Hubble del Universo en expansión, así como el de Alpher y Gamow de fondo cósmico de microondas, representaron uno de los mayores avances de la cosmología en el siglo xx. El modelo de estado estacionario desapareció como alternativa en un Universo en expansión con un principio, el *big bang*, respaldado por la teoría de la mecánica cuántica

Con el principio de incertidumbre de Heisenberg, se desmontan muchas creencias y origina difíciles respuestas teológicas ante la creencia de la existencia de Dios. El *big bang* ya nos sumerge en una inquietante reflexión: ¿Dónde estaba Dios antes del *big bang*?

Einstein se preguntaba si Dios tuvo alguna opción a la hora de crear el Universo, es decir, si había otros universos posibles. Para la reciente teoría de Cuerdas, no sólo tuvo otras opciones, sino que existen infinidad de universos. Más adelante entraría en juego la opinión de Hawking, para quien el Universo no tiene bordes ni límite en el tiempo imaginario, de modo que, como el mismo destaca: «... el modo en que comenzó el Universo vino determinado por completo por las leyes de la ciencia».

Si recurrimos a la incertidumbre cuántica vemos que esta teoría no precisa una primera causa. La física cuántica explica que las partículas pueden surgir de modo súbito e imprevisible, es decir, pueden provenir de otros Universos. Por tanto, la incertidumbre cuántica permite al tiempo, al espacio y al Universo surgir espontáneamente del vacío. Lo que nos lleva a concluir que un Universo sin causa primera no tiene necesidad de Dios. Por otra parte el tiempo y el espacio se crearon al mismo tiempo que nuestro Universo, esto nos lleva a concluir que no parece muy lógico la existencia de un dios esperando un tiempo infinito para luego crear el Universo. El acto de creación solamente tiene sentido en el tiempo, y el tiempo no existía antes de la creación de nuestro Universo, se creó en el mismo instante. Estos nos lleva a más preguntas inquietantes: ¿Dónde estaba un dios sin tiempo? ¿Qué hacía antes de la creación? Incluso el término «antes» no tiene sentido ya que no existía el tiempo.

El papa Francisco se dirigió a principios de noviembre de 2014 a la Asamblea plenaria de la Academia Pontificia de las Ciencias en el Vaticano. Donde una vez más y pese a la modernidad que se le atribuye al nuevo pontífice, la asignatura de la ciencia aún está pendiente, ya que evita el polémico debate sobre los orígenes de la vida humana, destacando que el *big bang* no contradice el papel de un creador divino.

Francisco sigue insistiendo en que Dios creó a los seres humanos y luego dejó que ellos se desarrollasen según sus leyes internas. Si Dios creó a los seres humanos la evolución científica es falsa.

En cuanto a la creación discrepa el Pontífice de que al principio era el caos. Cree por otra parte que las creencias entre creación y evolución pueden coexistir. Para el papa la «evolución en la naturaleza no es incompatible con la idea de la creación, porque la evolución requiere de la creación de los seres que evolucionaron». ¿Qué seres? ¿Protocélulas? Por otra parte está claro que el inicio fue un caos con temperaturas de 1032 grados centígrados que no permitía que las partículas tuvieran masa, y había una gran agitación de quarks, protones y neutrones.

El papa Francisco rechaza que el origen del mundo sea «obra del caos», sino de «un poder supremo creador del amor».

Por supuesto Francisco no es Benedicto XVI que simpatizaba con el diseño inteligente y rechazaba la teoría de la selección natural de Darwin. Francisco entierra las pseudo teorías de los creacionistas. Trata de acercarse a la ciencia admitiendo que «somos descendientes directos del *big bang* que creó el Universo, pero la evolución vino de la Creación».

Hay intentos tímidos de acercamiento, no se puede estar contra una teoría demostrada como el *big bang*, en el que se puede decir que fue obra de Dios. Pero para que esa obra sea completa Dios ha tenido que crear a los seres humanos que aparecieron más tarde, y la evolución no deja espacio para la mano de Dios. Ni siquiera para un diseño inteligente que tampoco puede ser colocado en una evolución que parte del Sahelantropus[2] hasta el Homo sapiens. ¿Dónde está el diseño inteligente? : ¿Hace cuatro millones de años cuando aparece el Australopithecus? ¿Hace dos millones y medio con la aparición del Homo habilis? ¿O hace 300.000 años con la aparición del Homo sapiens entrelazado con el Homo heidelbergensis o Homo neanderthalensis?

DIOS COLAPSA LA FUNCIÓN DE ONDA CUÁNTICA

La nueva mecánica cuántica de Schrödinger y Heinsenberg plantea problemas con la existencia de Dios. Como ejemplo sencillo diremos que si observamos con el microscopio una gota de agua, el sólo hecho de iluminarla para su observación produce que la estemos modificando, ya que los fotones perturbarán la composición del líquido. Sirva este ejemplo informal para entender el efecto observador.

Los primeros instantes de la aparición del Universo están constituidos por interacciones entre partículas cuánticas, y es a partir de esas interacciones que aparece la materia. Para los físicos cuánticos el mundo es cuántico y no hay ninguna separación entre el mundo clásico y el cuántico. Es más, es el mundo clásico el que emerge a partir del cuántico. Veremos, más adelante, como tampoco se precisa una causa primera para que aparezca nuestro Universo, ya que la incertidumbre cuántica desmonta el argumento de la causa primera.

Las partículas pueden surgir imprevisiblemente y sólo podemos presentar probabilidades de cuándo aparecerán y en qué lugar, nunca las dos cosas a la vez. Por otra parte estas partículas no tienen una causa precisa. Ni la necesita según Hawking. Es el principio de incertidumbre o principio de in-

---

2. Hace siete millones de años.

determinación de la teoría cuántica, un principio que explica por qué el mundo está constituido por acontecimientos que no pueden relacionarse enteramente en términos de causa y efecto. Así que la incertidumbre cuántica permite al Universo surgir espontáneamente del vacío en virtud de una fluctuación cuántica. Vemos cómo la mecánica y cosmología cuántica contemporánea parecen haber abolido la necesidad de Dios.

El efecto del observador nos sumerge en el cambio repentino de una propiedad física de la materia, a nivel subatómico, cuando esa propiedad es observada. Es el llamado colapso de función de ondulatoria, el cambio en la función cuántica-ondulatoria cuando una observación tiene lugar. En este caso tenemos una contradicción con la presencia de Dios. Según los profesores de física Bruce Rosenblum y Fred Kuttner[3], si Dios colapsa las funciones de onda de objetos grandes haciéndolas reales por su observación, los experimentos cuánticos indican que no está observando lo pequeño.

Esto es bastante alarmante, porque quiere decir que Dios no lo observa todo, no está en todo y menos en nuestro mundo subatómico que forma parte de los seres humanos.

LAS AMBIGÜEDADES DE PAUL DAVIS, LA TEOLOGÍA DEL PROCESO Y EL PESIMISMO DE WEINBERG

Siguiendo el contexto de los divulgadores científicos y el programa SETI, tenemos a un ambiguo y polémico personaje difícil de calificar filosóficamente y religiosamente.

Paul Davis es físico, cosmólogo, profesor de la Universidad Estatal de Arizona y director del Instituto BEYOND (Center for Fundamental Concepts in Science). Es también el jefe del Departamento Post-Deteccion de SETI, creado en 1966 con la finalidad de dar la bienvenida a los posibles alienígenas que lleguen a la Tierra, a través de una comisión encabezada por

---

3. *El enigma cuántico*, Tusquets Editores 2010 Barcelona.

el mismo, aunque muchos científicos opinan que Davis no es la persona más adecuada.

Davis ha escrito 20 libros, algunos de difícil interpretación por sus ambigüedades. Entre sus libros más conocidos están: *La mente de Dios, Dios y la nueva física* y *Los últimos tres minutos.* En estos

A lo largo de su carrera, Paul Davies ha desarrollado una notable faceta como divulgador científico en forma de artículos, libros, programas de radio y documentales para la televisión.

libros, Davis, habla de la existencia de puentes entre ciencia y religión, pero realmente sus ideas acerca de Dios no están claras.

Davis ha sido galardonado con el premio Templeton, organización dedicada al progreso de la religión. Es curioso en un hombre que no es practicante de ninguna religión desde los 15 años, que no parece admitir la existencia de un Dios personal creado tal como afirma el cristianismo.

Según algunos de los críticos de Paul Davis, ha evolucionado desde una especie de panteísmo hasta una posición próxima a la teología del proceso, que presenta a un Dios que se encuentra en un proceso de cambio o evolución. Un Dios que cambia según los acontecimientos de los seres que ha creado. Algo ambiguo que en los tiempos de la Inquisición le hubiera costado a Paul Davis la hoguera.

En 1979, Steven Weinberg y el paquistaní Abdus Salam ganaron el premio Nobel de física por su teoría que unificaba dos de las fuerzas fundamentales de la naturaleza: la fuerza electromagnética y la fuerza débil. Admiro a Weinberg como científico y como pensador por el valor de expresar sus convicciones sinceramente, sin temor a las represalias que una sociedad conservadora acostumbra a tener con aquellos que no comulgan con sus ideas.

Paradójicamente Weinberg era ateo y terriblemente pesimista, Salam un ferviente mahometano y creyente en Alá. Pero ambos compartieron las mismas ideas sobre la física. Weinberg refleja su forma de ver el Universo y la vida en un libro maravilloso titulado *Los tres primeros minutos del Universo*, un obra en la que refleja su materialismo y su *pesimismo* en párrafos cargados de desaliento: «El esfuerzo por entender el Universo es una de las muy escasas cosas que elevan la vida humana un poco por encima del nivel de la farsa, confiriéndole algo de grandeza a la tragedia».

Para Weinberg el Universo es, acertadamente, abrumadoramente hostil. No cabe duda que novas y supernovas estallando y destruyendo la posible vida en planetas que están en su entorno y a millones de años luz, es un espectáculo atroz; como lo es dos galaxias chocando o una agujero negro engullendo todo lo que se acerca a su horizonte de suceso que se convierte en una frontera de no retorno; o un asteroide impactando con un planeta y acabando con la mayoría de sus especies como le ocurrió a la Tierra hace 62 millones de años al final del Cretácico. Destaca Weinberg: «Cuanto más sabemos del Universo, menos signos vemos de un diseñador inteligente».

Cree Weinberg que el Universo tiene una falta de sentido, como lo creen la mayoría de los cosmólogos. Weinberg añade que no hay un plan cosmológico ni biológico en el Universo, la necesidad y el azar son suficientes, por lo que queda excluido Dios. Weinberg se revela como un materialista que sabe que dependemos del azar y que la necesidad ha sido la que ha creado nuestros órganos para sobrevivir en un ambiente determinado. Weinberg no cree en los valores absolutos y se muestra en contra de los creyentes de Estados Unidos, así como contra los movimientos religiosos fundamentalistas a los que acusa de responsables de la mayoría de los males que aquejan a nuestra sociedad, de las persecuciones religiosas y guerras santas. En resumen a Weinberg no le interesa Dios porque, en caso de existir, lo ve como un ser perverso. Destaca textualmente: «La gente que espera encontrar evidencias de la acción divina en la naturaleza, en el origen o en leyes que gobiernan la materia se va a llevar una decepción».

STEPHEN HAWKING: UN UNIVERSO QUE NO PRECISA A DIOS

Pese a la Esclerosis Lateral Amiotrófica (ELA), enfermedad degenerativa neuromuscular debido a la muerte de las motoneuronas, que padece Hawking sus funciones cerebrales y su inteligencia se mantienen inalteradas, tampoco resulta afectada la visión, la micción y la defecación.

La Esclerosis Lateral Amiotrófica, de la que se desconocen sus causas, puede ser genética o debida a los pesticidas. Ya hemos explicado cómo Hawking utiliza un sintetizador de voz para comunicarse que maneja a través de leves movimientos de cabeza y ojos que le permiten seleccionar palabras y frases en el sintetizador de voz.

Últimamente se incorporaron gafas de rayos infrarrojos que le permiten desviar la dirección de los rayos y así controlar letras que aparecen en la pantalla del ordenador. Para desplazarse utiliza una silla que maneja a través del ordenador.

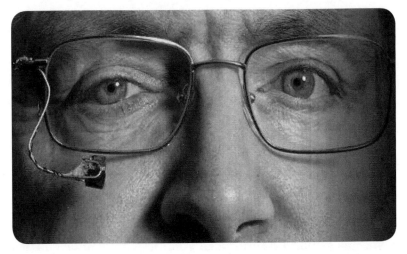

Hawking se ha prestado voluntario a varios interfaz cerebro-máquina, pese a su edad, los resultados han sido esperanzadores. En su caso son experimentos privados cuya discreción se mantiene debido a la voluntad, de que así sea, del científico.

Hawking es ateo, defiende un Universo autocreador con planetas girando alrededor del Sol, y la Tierra en una órbita a la distancia adecuada para permitir la habitabilidad. Hawking, como la mayor parte de los astrónomos cree que el Universo se autocreó en una fluctuación producida por el azar. En su libro *Historia del tiempo* destaca: «Si el Universo es completamente autocontenido, no tendría principio ni fin, simplemente sería. ¿Para qué, pues, un Creador?».

En agosto de 2014 en un viaje a España, Hawking insistiría en su condición de ateo y declaraba que el motivo de su ateísmo estaba en el hecho de que la ciencia era más convincente que Dios. «Soy ateo –destacaba Hawking– porque la ciencia me ha proporcionado una explicación más convincente de los orígenes del Universo».

En una entrevista en 2008, Hawking incide que las leyes que rige la ciencia «no dejan mucho espacio para milagros o para Dios». Luego recalca: «La cuestión es: ¿el modo en que comenzó el Universo fue escogido por Dios por razones que no podemos entender o fue determinado por una ley científica? Yo estoy con la segunda opción».

Para Hawking la gran explosión inicial del Universo fue una consecuencia inevitable de las leyes de la física, y el cosmos se creó de la nada. Afirma en *Una breve historia del tiempo:* «La creación espontánea es la razón por la que resulta redundante el papel de un creador».Puntualiza: «Hay una diferencia fundamental entre la religión, que se sustenta en la autoridad, y la ciencia que se basa en la observación y la razón. Esta última ganará porque funciona».

Hawking ha sido criticado por líderes religiosos anglicanos, católicos, musulmanes y judíos. El arzobispo de Canterbury, Rowan Williams, en el diario *The Times* destacó: «Creer en Dios no consiste en cómo taponar un agujero y explicar cómo unas cosas se relacionan con otras en el Universo, sino que es la creencia de que hay un agente inteligente y vivo de cuya actividad depende en última instancia todo lo que existe».

Por otro lado el rabino Jonathan Sacs líder de la comunidad judía de Inglaterra, ante los libros de Hawking destacó, también en *The Times*: «...la ciencia trata de explicar y la religión de interpretar, la ciencia desarticula las cosas para ver cómo funcionan, y la religión las junta para ver qué significan.../... a la Biblia no le interesa los detalles técnicos de cómo se creó el Universo».

Hawking ha sido contestado ferozmente por el presidente del Consejo Islámico de Gran Bretaña, Ibrahim Mogra, y por el arzobispo de Westminster, Vincent Nichols, primado de la Iglesia católica de Inglaterra y Gales. Todos destacaron que Hawking tenía razón antes pero que ahora está equivocado.

Sin embargo, los científicos respaldan a Hawking, muestra de ello es como lo arropan en Starmus. Especialmente tiene el apoyo de Richard Dawking, ateo y creador de la campaña en la que los autobuses de Londres, y después de Barcelona, llevasen anuncios en los que se podía leer: «Probablemente Dios no existe».

Hawking no sólo desata polémicas científicas sino también religiosas y filosóficas, ya que plantea una ciencia que trata de comprender la realidad sin la ayuda de ningún conocimiento revelado. Las leyes de la naturaleza siguen su curso, la intervención de un Dios significaría que se le puede culpabilizar de las muertes originadas por un volcán que entra en erupción, por un tsunami que arrasa una isla poblada o la caída de un asteroide que produce una extinción. Ya se acabaron aquellos tiempos pasados en que estos fenómenos era causa de la ira de los dioses, hecho que llevó entre algunas civilizaciones a los más espantosos sacrificios. Los fenómenos de la naturaleza con sus tragedias tienen explicaciones científicas, forman parte del azar de la vida, y la ciencia investiga para anticiparse a ellos y evitar las tragedias que originan. Si estos sucesos los interpretásemos como castigos divinos, estaríamos defendiendo la existencia de un Ser terriblemente cruel, asesino y sádico.

Pese a todo este argumento hay gente que sigue creyendo en la ira de Dios, gente que, como destaca Jorge Wagensberg, director del Museo de la Ciencia de la Fundación La Caixa: «Al concepto de Dios siempre se le puede responsabilizar de las leyes de la naturaleza. El creyente siempre puede aferrarse a la idea de que estas leyes han sido dadas por Dios».

CAPÍTULO 14

STEPHEN HAWKING Y LOS ALIENÍGENAS

«*Desgraciadamente, el encuentro de dos civilizaciones desiguales ha tenido a menudo consecuencias catastróficas para el más débil.*»

MICHIO KAKU

«*... una civilización avanzada millones de años está tan por delante de nosotros como nosotros lo estamos de un lemúrido o de un macaco.*»

CARL SAGAN

Una encuesta reveladora

Mientras que la mayoría de los científicos evitan pronunciarse sobre el tema de la vida extraterrestre, y aún menos sobre los OVNI, Hawking es locuaz y aborda sin miedo la problemática, dando por hecho que existen civilizaciones más avanzadas que la nuestra y que, incluso, el contacto con ellas originaría potenciales problemas y peligros. Hawking sentencia: «Es racional pensar en la vida extraterrestre, el desafío es saber cómo serán».

Si pregunto en alguna de mis conferencias si hay alguna persona que no crea que hay vida ahí fuera, me responden dos o tres entre medio centenar de oyentes, es decir un 4% aproximadamente. Si ajusto la pregunta puntualizando «vida inteligente» esta cifra se aumenta a cuatro o cinco, es decir un 9% aproximadamente. Inmediatamente, en la pizarra, realizó unos sencillos números explicando que cada día se descubre dos o más exoplanetas, hace poco la NASA descubrió 1.284 en una sola «tacada», por lo que el Universo está plagado de astros como los de nuestro sistema planetario.

Nuestra galaxia tiene 200 mil millones de estrellas, tal vez más dado que no vemos toda su estructura y las pequeñas galaxias islas (enanas pegadas a la nuestra) que hay en el otro extremo del disco. No importa, vamos a ser rácanos, contaremos a la baja y, vamos a suponer que solo el 30% de estas estrellas tienen planetas con posibilidades de vida, esto nos reducirá la cifra a 60.000 millones en la Vía Láctea. Pero en nuestro Universo hay más de 200.000 millones de galaxias como la Vía Láctea, posiblemente el doble. Calcularemos con la posibilidad de 200.000 millones de galaxias, multiplicadas por 60.000 millones, da como resultado la escalofriante cifra de 12×10^{20} (un doce seguido de 21 ceros), que serían sistemas planetarios con posibilidades de vida. ¡Y sólo hemos considerado un 30%! ¿De verdad aún hay alguien que niegue la posibilidad de vida fuera de nuestro sistema solar?

Durante los meses de mayo y junio de 2015 realizamos una encuesta sobre la vida extraterrestre. Participaron los hermanos Hugo y Christian, promotores del bar-cafetería *Arcadia* de Mataró, local en el que se celebraban tertulias, exposiciones, recitales y todo tipo de actividades de carácter cultural, también colaboró la Universidad Autónoma de Barcelona. Se puso especial interés en que la muestra representara una población de jóvenes estudiantes o licenciados, hecho que así fue salvo alguna excepción. En total se entrevistaron a 200 personas, el 53% hombres y el 47% mujeres, cuya franja de edad predominante estaba entre los 20 y 35 años.

Los resultados no dejaron de ser sorprendentes y reflejan la postura de los jóvenes actuales ante la realidad de la vida extraterrestre. Brevemente esos resultados plasmaron las siguientes respuestas:

El 98% de los encuestados cree que hay vida fuera de la Tierra, frente a un 2% que no cree en esa posibilidad.

Un 60% cree que esa vida es inteligente y 40% sólo biológica, aunque ha habido encuestados que han señalado las dos opciones.

Una mayoría, el 50%, cree que los ovnis son trucajes fotográficos, especialmente las mujeres, sólo un 25% creen que son naves extraterrestres.

El 61% creen que nos han visitado en la antigüedad, frente a un 29% que no y 10% n/c. Curiosamente son las mujeres las más incrédulas en esas visitas en el pasado.

Con un 79% hay un rotundo no a la posibilidad de que nuestra existencia sea consecuencia de un experimento de los extraterrestres. Solo un 21% (en el que no hay mujeres) creen en esa posibilidad.

Una mayoría, el 80%, creen que los extraterrestres no se ponen en contacto con nosotros, porque no les interesamos o nos están estudiando; un 18% consideran que no lo hacen porque no estamos preparados para ese contacto.

El 98% es rotundo en cuanto al aspecto físico de los alienígenas: serán diferentes de nosotros.

De la misma forma el 98% cree que no serán agresivos y no tienen ningún interés en invadirnos.

Sólo un 5% de los encuestados han tenido algún avistamiento de lo que podrían ser naves extraterrestres.

Los OVNI, UNOS OBJETOS BAJO SOSPECHA

Antes de comentar la opinión de Hawking sobre el tema de los OVNI y los alienígenas, deseo realizar un poco de historia, y explicar al lector que, personalmente, nunca he creído en los OVNI, hasta hace pocos meses, y esta creencia no se ha producido por que haya tenido algún avistamiento, pues sigo sin haber visto nunca algo que pudiera ser un transporte de alienígenas, sino debido a las sospechosas declaraciones públicas de políticos, científicos y militares.

Hagamos inicialmente algo de historia sobre la verdad y la fantasía que envuelve al tema de los OVNI, y a la posibilidad de vida extraterrestre.

Los primeros cincuenta años del siglo XX finalizarían con un acontecimiento que vertería muchos ríos de tinta, inspiraría a muchos escritores y enriquecería a muchos fraudulentos: los objetos volantes no identificados.

La historia de los avistamientos de estos objetos empezó con el encuentro, el 24 de junio de 1947, de una avioneta particular pilotada por Kenneth Arnold y una formación de objetos volantes en forma de discos que se denominaron platillos volantes. Los hechos acaecieron sobre el cielo del estado de Washington en Estados Unidos. A partir de ahí, y hasta nuestros días, los avistamientos han continuado. Hoy sabemos que la mayoría de estos encuentros han sido falsos, confusiones con globos, aviones experimentales, fotografías trucadas e historias, incluso imágenes de la antigüedad. En general hechos que no tienen ningún rigor científico. Sin embargo, no podemos rechazar todos los «encuentros y avistamientos» que han transcurrido desde la antigüedad hasta nuestros días.

Von Daniken, anti milagros y no creyente, vio a través de la arqueología, extraterrestres y huellas de su presencia en todos los continentes. La mayoría de sus conclusiones están equivocadas y son pura fantasía y elucubraciones mentales. En realidad son especulaciones fáciles de desmontar por su falta de rigor científico como me han demostrado amigos arqueólogos. Aunque algunas imágenes y relatos de la antigüedad pueden ser sospechosos de encuentros con alienígenas.

Si el lector quiere puede leer un pasaje del Antiguo Testamento que es muy sospechoso de ser un «encuentro» de un ser extraterrestre con un personaje bíblico. Me refiero a la descripción que realiza Ezequiel de un ser espeluznante en *Ezequiel 1: 4 y ss.*

Von Daniken, entre muchas de sus lucubraciones, vio en las pinturas de Tassili testimonios de seres extraterrestres con sus cascos de astronautas flotando en estados de ingravidez. Personalmente estudié, en tres expediciones a este macizo basáltico del desierto del Sáhara, sus famosos «marcianos» en Tassili, sur de Argelia, donde el hotelero suizo vio estos hombres en estado de ingravidez con cabezas redondas y cordones que les unían a supuestas naves. Argumenta Daniken que los pintores de Tassili

Según los especialistas, en Tassili está la más importante colección de arte rupestre conocida. Algunos sostienen que son reveladoras de la presencia extraterrestre en la Tierra.

pintaban lo que veían, y como es normal para él veían extraterrestres. En realidad los pintores de Tassili pintaban lo que sentían, ya que la mayor parte de las pinturas están ilustradas con grabados de *Amanitas muscarias*, setas alucinógenas que les hacían sentir sus cabezas hinchadas, su cuerpos flotantes y unidos a los cordones umbilicales de su nacimiento.

Andreas Faber-Kaiser, fallecido locutor de radio con el que me unía una buena amistad y me sorprendió con una reveladora llamada dos días antes de su muerte[1], era íntimo amigo de Von Daniken, defendía sus especulaciones arqueológicas. Este hecho nos enfrentaba a Andreas y a mí en amigables discusiones que terminaban en tablas. Sólo con las pinturas rupestres de Tassili, conseguí hacerle un jaque mate.

Con el tiempo se han ido destapando la realidad de los acontecimientos y las supersticiones. Se han esclarecido desapariciones acaecidas en el famoso «triángulo de las Bermudas» y hechos fantasiosos como el Área 51 donde presuntamente se escondían los cuerpos de extraterrestres fallecidos en un accidente de su nave.

Estos acontecimientos, tal vez, sirvieron como detonante para investigar la posibilidad de vida extraterrestre, un he-

---

1. Tuvimos una conversación sobre las causas de su muerte que él intuía cercana.

cho en que la mayoría de los científicos cree, aunque ponen en duda la presencia de OVNIS y otras especulaciones. La búsqueda de seres inteligentes se convirtió, en programas espaciales concretos, en la investigación de exo-vida a través de radiotelescopios y telescopios especializados en localización de otros planetas en estrellas lejanas.

La posibilidad de vida inteligente fuera de nuestro planeta es algo serio para los científicos, que han instalado placas en naves para darnos a conocer, como las colocadas en las naves Pioneer 10 y 11, el programa SETI y la paradoja de Fermi. Un tema que entusiasma a la ciencia y preocupa a la Iglesia.

La postura de Hawking ante la vida extraterrestre

Tenía razón Giordano Bruno cuando escribió *La pluralidad de los mundos habitados* y explicó que las estrellas eran soles como el nuestro con planetas en los que podían vivir otros seres. Una afirmación en la que se adelantó a la realidad 395 años y le costó la sentencia dc la Inquisición y la hoguera. Otros estuvieron muy cercanos al mismo castigo, como Galileo, y algunos como Miguel Servet y Bufón terminaron como Giordiano Bruno. La Iglesia condenó al obispo Etienne Tempier de París cuando declaró que era anatema la tesis de que Dios no podía crear más de un mundo. Nicolás de Cusa también tuvo problemas en el siglo XV por su multiverso sin centro.

Los nuevos telescopios, especialmente los situados en órbita como el Kepler, han sido los grandes artífices del descubrimiento de planetas extrasolares. El telescopio orbital Kepler ha descubierto más de dos mil planetas girando en torno a otras estrellas.

El primer planeta extrasolar fue 51 Pegasi, descubierto por Michael Mayor y Didier Queloz en 1995. A partir de ahí el descubrimiento de estos astros ha sido continuo. En algunas estrellas se ha encontrado uno, pero en otras auténticos siste-

mas planetarios como el nuestro. Se ha descubierto planetas más grandes que Júpiter y pequeños como la Tierra, aunque estos últimos son los más difíciles de detectar.

Se sabe que en torno a las estrellas enanas rojas, el 80% en nuestra galaxia, abunda la presencia de planetas. En nuestra galaxia existen una 160.000 millones de enanas tipo M, una cifra que nos puede dar una idea de la gran cantidad de planetas que puede haber en la Vía Láctea.

Desde 2011 se descubren exoplanetas semanalmente, algunos en la zona habitable de su estrella donde la temperatura permite la existencia de agua. De los exoplanetas descubiertos hasta 2013, tres están a menos de 10 años luz de la Tierra, otros mil confirmados a menos de 10.000 años luz, y se calcula que sólo en la Vía Láctea hay 100.000 millones de planetas.

El objetivo en el futuro es seguir su búsqueda con instrumentos en tierra y en órbita. Instrumentos más sofisticados y con características técnicas para detectar estos astros. También, el nuevo objetivo, es detectar vida en esos planetas, con instrumentos que precisen las características de la atmósfera y la presencia de clorofila. En 2017 se lanzará el TESS, Satélite de Sondeo de los Tránsitos de Exoplanetas, y en 2018 el James Webb, con un espejo de 6,5 metros de diámetro (el espejo del Hubble tiene 2,5 metros de diámetro) será el mayor telescopio jamás lanzado al espacio, capaz de ver objetos 2,5 veces menos luminosos que los que puede ver el Hubble.

En los últimos años se han producido grandes rachas de avistamientos de OVNI, algunos en la Tierra y otros fotografiados y gravados desde la estación espacial. Y han sucedido una serie de acontecimientos que hacen sospechar que naves de civilizaciones extraterrestres nos están estudiando. Da la impresión que estos objetos no tengan ningún interés en ocultarse a nuestras cámaras grabadoras y fotográficas, hecho que hace sospechar que nos están preparando para un encuentro.

Cuatro hechos confirman que no estamos hablando de ciencia ficción. El primero de estos hechos es la advertencia del primer ministro de Rusia a Estados Unidos, exhortándole a explicar a los ciudadanos la verdad sobre los OVNI y amenazando con que lo harían ellos si insistían en mantener su silencio. Un segundo hecho fueron las recientes declaraciones de un general norteamericano en las que, tratando el tema de la vida extraterrestre advertía: «Váyanse preparando para un encuentro con los hombrecitos verdes». El tercer hecho sucede en mayo de 2016, cuando el periódico *Daily Express* anuncia que Obama ofrecerá una rueda de prensa antes de irse de la Casa Blanca, en la que explicará la verdad sobre los OVNI y los alienígenas. Finalmente está la convocatoria, en noviembre de 2015, de científicos, psicólogos y teólogos en la biblioteca de Washington. Una reunión en la que, el director de la NASA, solicitó a los convocados que debatieran sobre la posibilidad de un encuentro de nuestra civilización con otra extraterrestre, y las consecuencias de ese contacto. Un famoso psicólogo que participó en este encuentro me explicaba de forma confidencial lo que deducía de aquella convocatoria. Y me detallaba textualmente que «están preocupadísimos, tienen miedo a decir la verdad, les preocupa mucho la reacción de la población, piensa que en Estados Unidos son muy creyentes y conservadores, esto les hace temer una reacción contra los extraterrestres. Temen revueltas y violencia».

Incluso Hawking ha realizados sus advertencias destacando los peligros y problema de un encuentro. Como ya he expuesto fue en Starmus donde explicó que «...los extraterrestres podrían convertirse en nómadas, e intentar conquistar y colonizar todos los planetas a los que pudiesen llegar». Hawking manifestó su temor a que no pudieran ser pacíficos y advirtió que cabía la posibilidad de que los extraterrestres viniesen a invadirnos y destruirnos. También manifestó su desacuerdo con enviar señales a otros lugares del espacio explicando que «nos equivocamos al enviar mensajes al espacio, ya que les estamos delatando que estamos aquí y eso podría ser el fin de nuestra civilización». Se aprecia que Hawking no improvisa en este tema, y que ha pensado en todas las posibilidades de peligros que puede entrañar un encuentro, ya que manifiesta que podrían ser una amenaza biológica al ser portadores de virus y enfermedades desconocidas para nosotros, enfermedades contra las que no supiéramos luchar, como ocurrió cuando los conquistadores españoles llegaron a América. Y, con un rayo de esperanza, Hawking culmina su meditaciones destacando: «Cabe la posibilidad de que sean hostiles, pero que también sean amistosos y nos ayuden a progresar».

La reiterativa aparición de la inteligencia

En una de las conferencias de Hawking, la titulada *La vida en el Universo*, se pregunta a sí mismo: «¿Cuáles son las probabilidades de que vayamos a encontrar alguna forma de vida alienígena, a medida que exploremos la galaxia?». Hawking, basándose en una escala del tiempo convencional reflexiona: «No debe haber muchas otras estrellas, cuyos planetas tienen vida. Algunos de estos sistemas estelares podrían haberse formado cinco mil millones de años antes de que la Tierra se consolidase como planeta».

Cuando Hawking dictó esta conferencia descartaba la posibilidad de que los OVNI fueran tripulados pos alienígenas, y consideraba que «... cualquier visita de alienígenas será más evidente y más formal». También se pregunta Hawking: «¿Por qué no nos han visitado ya?». La respuesta con la que se contesta a su interrogante es evidente: «Una probabilidad es que la aparición de la vida en la Tierra sea una equivocación. Tal vez la probabilidad de que la vida aparezca de forma espontánea es muy baja, y podría ser que la Tierra fuese el único planeta en la galaxia en el que sucedió este hecho. Otra probabilidad razonables se referiría a la formación de sistemas de auto-reproducción, como las células, y la posibilidad de que estas no evolucionen en formas inteligentes de vida».

Esta última observación de Hawking se enfrenta a la opinión de la mayoría de los biólogos y evolucionistas, que consideran que la vida tiende siempre a desarrollar sistemas inteligentes. Ejemplo de ello es que los complejos primitivos tendieron, tras crear las primeras neuronas, simples ovillos sin axones ni dendritas, a instalarlas en una zona preferente del organismo, y más adelante, crearon un ganglio encefálico en los primeros gusanos, un ganglio que fue evolucionando hasta el cerebro del Homo sapiens.

Otra cosa, hecho que también comparte Hawking en su conferencia, es que durante ese proceso se produzcan acontecimientos que lo interrumpan y obligue a la Naturaleza a comenzar de nuevo. En el Cretácico, antes de la gran extinción producida por un asteroide hace 63 millones de años, existían dinosaurios con una encefalización importante, con una mano prensil y con una serie de factores que les daban cierta inteligencia. Todo eso se perdió, pero la Naturaleza fue buscando un nuevo proceso para desarrollarse, primero a través de un pequeño mamífero placentario y después en unos homínidos que desembocaron en el Homo sapiens.

Hawking es un buen físico teórico, pero no un biólogo. Pese a ello es racional, y así lo demuestra cuando destaca que «... existen otras formas de vida inteligente en el Universo, pero han sido ignoradas». Y es ahí cuando entramos en todas esas alternativas que nos ofrecen los multiversos, un interesante tema que veremos en el último apartado de este capítulo.

Vida sí, pero en seres diferentes a nosotros

Como hemos visto, Stephen Hawking destaca al referirse a los alienígenas: «Es racional pensar en la vida extraterrestre, el desafío es saber cómo serán». ¿A qué se refiere Hawking cuando destaca que el desafío es saber cómo serán? Hawking da por sentado su existencia, pero cabila en las diferentes constituciones que pueden tener. Hollywood los ha presentado de todas formas, terribles monstruos como *Alien* sembrando el terror en la nave *Nostromus,* simpáticos y bonachones como *E.T.*, lagartos guerreros invasores, y algunos con constituciones corporales igual que nosotros. Creo, sinceramente, que la probabilidad de que sean igual que nosotros es extremadamente baja.

Ni siquiera en la misma Tierra somos todos iguales, no sólo por las diferentes razas, sino por las características físicas de los humanos con dependencia del lugar en que vivan. Así, los nórdicos que viven parte del año en la penumbra tienen más desarrollado el diafragma del ojo que los árabes que se enfrentan a un sol arrasador. Los esquimales tienen una complexión gruesa para crear reservas de grasas en el cuerpo, la estatura pueden depender del lugar en que vivamos. Luego está la alimentación y la herencia genética, dos factores que nos diferenciaran los unos de los otros. Incluso tenemos la piel de diferente color. No podemos llegar a imaginar los cambios que se pueden llegar a producir en la constitución de un ser debido a las características de un planeta.

La NASA considera la posibilidad de volver a la Luna y establecer una base allí.

Un caso sencillo lo tenemos en las futuras colonias que instalaremos en la Luna o en Marte, dos astros cuya gravedad es diferente a la terrestre. Los niños que nazcan en la Luna, los futuros selenitas, será altos y delgados, carecerán de una estructura ósea robusta porque no la necesitarán en un lugar donde la gravedad es muy inferior a la Tierra. Lo mismo ocurrirá en los niños que nazcan en Marte. Lamentablemente ninguno de ellos podrá regresar a la Tierra, dado que su constitución física no soportaría la gravedad del planeta. Sus posibles visitas a la «Tierra-madre» deberán realizarlas en el interior de burbujas protectoras.

Cualquier parámetro distinto en un astro significa un cambio en la constitución de un ser, la necesidad hace el órgano aquí en la Tierra y en cualquier otra parte del Universo. Si se quiere sobrevivir hay que adaptarse y evolucionar conforme a las características del entorno. Si un planeta está más próximo a su estrella recibirá una radiación mayor, y por tanto los posibles seres que lo habiten precisarán una adaptación a esa radiación, con una piel más gruesa y protectora o con unas condiciones genéticas diferentes.

Para que unos alienígenas fueran igual que nosotros precisarían: un planeta del mismo tamaño que el nuestro con una gravedad parecida; una atmósfera con la misma composición para desarrollar unos pulmones y un metabolismo parecido; el planeta tendría que girar en torno a una estrella amarilla enana como la nuestra, cualquier cambio en el astro variaría la temperatura del planeta; tendría que estar situado a 150 millones de años de distancia de su estrella; tendría que girar en una órbita parecida a la nuestra y con una rotación que le permitiera ciclos diurnos y nocturnos; precisaría estar inclinado 23 grados como la Tierra, ya que de no ser así carecería de estaciones, no existiría una agricultura estable y la alimentación variaría en sus seres y como consecuencia su fisonomía; aún más, el planeta precisaría una satélite como la Luna, vital para el desarrollo de mareas, el crecimiento y el clima; y lo más importante, el planeta tendría que haber desarrollado una evolución como la nuestra. En este último aspecto quiero recordar que si no se hubiera producido la extinción del Cretácico, hace 63 millones de años, posiblemente los mamíferos no se hubieran desarrollado y los dinosaurios hubieran seguido su evolución hasta llegar a ser *Saurios-Sapiens*. Hoy seríamos seres inteligentes pero con el cuerpo cubierto de escamas, ojos grandes y carentes de pelo en el cuerpo, las mujeres carecerían de glándulas mamarias y regurgitarían los alimentos para «amamantar» a sus crías. No es ciencia ficción, el lector interesado puede encontrar información sobre las investigaciones de Dale A. Russell, descubridor del dinosaurio *Stenonychosau-*

rus inequalus, que ya practicaba el bipedismo y disponía de una garra con tres dedos, uno de ellos que se oponía a los otros dos y daba a la mano una capacidad prensil[2].

Se precisan demasiadas coincidencias para encontrar unos seres iguales a nosotros, cualquier pequeño factor origina un cambio en la constitución. Ahora, el desafío está, como destaca Hawking, en saber cómo serán. Podemos imaginar muchos tipos de planetas, más grandes, más pequeños, oscuros, con varios soles, de forma irregular, oceánicos, con vida vegetal inteligente, con vida en su subsuelo, etc. Cada uno de ellos generará unos seres de constitución distinta

La paradoja de Fermi y la tardía postura del Vaticano

Enrico Fermi se preguntó en 1950 sobre por qué ninguna civilización extraterrestre había contactado con nosotros. Fermi daba por sentado que existía vida inteligente en algunas de las 200 mil millones de estrellas que existen sólo en nuestra galaxia, eso sin contar las miles de millones de galaxias que alberga nuestro Universo.

Este planteamiento de Fermi se conoció como «la paradoja de Fermi», sobre la que se ha dado cientos de explicaciones desde diversos campos de la ciencia, algunas paralelas o semejantes a las mencionadas por Hawking en el apartado anterior. Se ha dicho que el problema son las terribles distancias que nos separan de otras estrellas, la ubicación del Sol en un brazo extremo de la Vía Láctea, la posibilidad que no seamos conscientes de su presencia, que los alienígenas sean tan escasos que nunca llegaremos a establecer contacto con ellos, que estén esperando que nuestra civilización alcance un determinado grado de madurez, etc. Incluso algunos científicos y pensadores apuntaron la posibilidad de que nuestras creen-

2. El lector puede encontrar información sobre este tema en mi libro *Cerebro 2.0* en esta misma editorial.

cias en mitos y leyendas religiosas son las que provocan el desencuentro, dado que los alienígenas habrían superado estas creencias y un contacto significaría el anuncio de la falsedad de nuestras creencias, una afirmación que podría originar problemas sociales y religiosos en nuestra civilización. Incluso podría originar que los visitantes del espacio fueran tachados de endemoniados. Es indudable que los fundamentalistas religiosos no aceptarían semejante planteamiento aunque se hiciese con pruebas irrefutables. Lo que podría llevar a conflictos y enfrentamientos sociales, algo que una civilización superior no desearía provocar.

La paradoja de Fermi no tuvo, en aquel tiempo, respuesta por parte de las religiones, posiblemente por el hecho que daban por sentado que éramos las únicas criaturas de la creación y que fuera de nuestro planeta no existía ningún tipo de vida. Incluso se llegaba a creer que éramos el centro de la creación, argumento que daba pie a alguna religión a considerar la obligación de evangelizar otros mundos, tan desastrosa y cruelmente como hicimos en el continente americano.

No fue hasta el 14 de mayo del 2008, cuando José Gabriel Funes, astrónomo de la Santa Sede, declaró en una entrevista en *L'Osservatore Romano,* que era lícito creer en Dios y en los extraterrestres, y que se podía admitir la existencia de otros mundos y otras vidas, incluso más evolucionadas que la nuestra, y que este hecho no nos tenía que hacer perder la fe. Sus palabras textuales fueron: «Así como existe una multiplicidad de criaturas en la Tierra, podrían existir otros seres, también inteligentes, creados por Dios. Esto no contrasta con nuestra fe, porque no podemos poner límites a la libertad creadora de Dios».

Posiblemente la paradoja de Fermi dio lugar a que en 1960, el astrónomo Frank Drake sugiriese una fórmula para calcular el número de civilizaciones extraterrestres de nuestra galaxia con las que podríamos entrar en contacto.

$$N = R \times fp \times ne \times fl \times fi \times fe \times L$$

Donde N es el número de civilizaciones alienígenas de la Vía Lactea con las que podríamos contactar; R es la tasa anual media de formación de estrellas en la Vía Láctea; fp es el número de estrellas que tienen planetas; ne es el número medio de planetas tipo Tierra de cada estrella; fl es la proporción de estos ne planetas que alberga alguna forma de vida; fi es la proporción de fl que realmente alberga vida inteligente; fe es la proporción de civilizaciones que han desarrollado una tecnología capaz de mostrar signos que podamos detectar; y L es la cantidad de tiempo durante el cual esa civilización lanza esas señales detectables. Muchos de estos parámetros son difíciles de calcular, por lo que la ecuación no resuelve la paradoja de Fermi.

CARL SAGAN, IMPULSOR DEL PROYECTO SETI

Carl Sagan estudió astronomía, astrofísica, cosmología y exobiología. Fue promotor del Proyecto SETI, premio Pulitzer por su divulgación de la ciencia, asesor de la NASA en el Programa Apolo. Fue quien en su afán por contactar con civilizaciones extraterrestres colocó unas placas que identificaban nuestra ubicación en las sondas espaciales Pioneer 10 y 11 en 1972; más tarde grabó el Disco de Oro con los

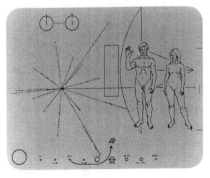

sonidos de la Tierra que se colocó en el Voyager en 1977. Escribió libros divulgativos y dirigió y presentó la serie *Cosmos* por la televisión.

Sagan estudió el planeta Venus y las lunas Titán de Saturno y Europa de Júpiter. Advirtió sobre los peligros de un calentamiento global y el efecto invernadero que causaría una guerra nuclear. Dio los primeros pasos en el programa NEO para la identificación de asteroides peligrosos, y propuso sistemas para desviarlos en caso de una trayectoria con impacto en la Tierra.

Carl Sagan no era sólo un científico, también era un hombre preocupado por la paz y el desarrollo de una civilización humanista. Por este motivo intervino en las protestas contra la guerra de Vietnam, la carrera armamentista de Ronald Reagan y los ensayos de pruebas nucleares. En una manifestación contra las pruebas nucleares fue detenido. También fue un ferviente defensor de la marihuana de la que era un adicto consumidor.

Carl Sagan era un defensor del pensamiento científico y el método científico, era determinista. En varias ocasiones expresó su escepticismo sobre la conceptualización de Dios como ser sagrado. Se podría decir que al abordar el tema de Dios parecía un panteísta como Einstein, ya que para él Dios eran las leyes físicas. Decía que las leyes físicas eran Dios, y rápidamente añadía que por eso no tenía ningún sentido rezarle a la ley de gravedad.

Sagan había declarado abiertamente que era agnóstico, ocultando su verdadera postura atea. Su esposa Ann Druyan, tras la muerte de Sagan, explicó que en la intimidad le había confesado no ser creyente y considerarse un libre pensador. Podemos decir que integró la larga lista de ateos encabezada por Einstein, Feynman, Asimov, Clark, etc.

El Proyecto SETI (Search for Extra-Terrestrial Intelligence) tuvo como pionero al astrónomo Frank Drake colaborador de Carl Sagan en los mensajes de las sondas Pioneer y las Voyager.

Drake pensó que a través de la radioastronomía se podría captar cualquier señal de vida inteligente en el Universo. Siempre que la búsqueda estuviera dirigida a una civilización alienígena lo bastante avanzada como para emitir señales de radio. Drake consiguió que el equipo del Laboratorio Nacional de Radioastronomía (NRAO), en Green Bank, West Virginia, fuera cedido para este objetivo. El proyecto fue bautizado «Ozma». En 1960 se inició la búsqueda con el gigantesco radiotelescopio de Green Bank de 26 metros de diámetro. La búsqueda, en las estrellas Tau Ceti y Epsilon Eridani, no obtuvo resultados interesantes, pero había muchas estrellas para rastrear.

Tras una reunión entre astrónomos, en la que se encontraba Carl Sagan, y por supuesto Frank Drake, nació SETI. SETI enmarcaba un programa abierto con la participación de agencias oficiales, universidades, empresas privadas y colaboradores voluntarios. En esta ocasión se utilizó un radiotelescopio con una antena de 100 metros de largo. Se incorporaron a este programa nuevos instrumentos y la Universidad de Ohio State University, por lo que el programa se bautizó como OSU-SETI. Incluso en los años setenta la NASA intento financiar «Cyclops», una red terrestre de 1.500 antenas electromagnéticas distribuidas por todo el mundo, pero este proyecto fracasó.

En la actualidad es el observatorio de Arecibo, bajo la tutela de la Universidad de Cornell el que recopila datos en el proyecto SETI. La actual investigación está centrada en nuevos marcadores que indiquen, por ejemplo, la

Dos de los radiotelescopios más grandes del mundo -Green Bank en West Virginia y el Radio Telescopio de Parkes en Australia- trabajan con el fin de escuchar los mensajes de radio de especies exóticas inteligentes.

presencia de clorofila, oxígeno, etc. Para ello se cuenta con los nuevos telescopios como el E-ELT, el WSO-UV o radiotelescopios como el ALMA en Chile o el SKA. En cualquier caso serán los telescopios orbitales los que más pruebas pueden aportar sobre la vida en otros planetas, aunque hay que tener en cuenta que China está construyendo un mega-radiotelescopio de grande dimensiones que se convertirá en un instrumento de enorme capacidad.

Carl Sagan propuso la colocación de placas en las naves exploradoras Voyager 1 y 2. Placas que explicaban cuál era nuestra apariencia y en qué lugar, estrella y planeta, de Vía Láctea nos encontrábamos.

Voyager 1 fue lanzado en 1977, y en Septiembre de 2013 alcanzaba la distancia de 18.000 millones de kilómetros con una velocidad de 60.000 km/h. Voyager 1, en la fecha mencionada abandonaba la heliósfera que limita el fin de sistema solar. Es decir, fuera de su influencia magnética, entraba en el espacio interestelar. La Voyager 1 es la primera nave que llega más allá de Plutón, la primera viajera interestelar.

BUSCANDO VIDA EN LOS MULTIVERSOS

He dejado para el final de este capítulo el apasionante tema de las formas de vida y los multiversos, una temática en la que Hawking ofrece alternativas apasionantes. La realidad es que, a partir de 1992 en que se descubrió el primer planeta en otra estrella, Hawking cambió, en cierto aspecto, sus negativas posturas en contra de la vida fuera de la Tierra. Los multiversos le ofrecían un semillero incuestionable.

¿Cómo podemos encontrar estos Universos? Primero hay que considerar que el cambio más insignificante en las constantes dan un resultado diferente en las ecuaciones, impidiendo, por ejemplo la formación de átomos, la condensación de la

materia, la construcción de estrellas y galaxias. También puede acaecer que esos cambios sean compatibles con las estructuras complejas y con la aparición de vida inteligente.

En nuestro Universo existen unas constantes que poseen
los valores que permiten la formación de estructuras complejas como los seres vivos. Steven Weinberg, Martin Rees y Leonard Susskind, sostienen la hipótesis que existen multiversos
en los que se da algún tipo de vida.

Los cosmólogos mantienen que hay más de un multiverso,
más que un conjunto hipotético de universos y que algunos de
esos conjuntos son compatibles entre sí.

Para que el lector se haga una idea de nuestros Universo y
otros universos, imagínese todas las galaxias que forman nuestro Universo metidas dentro de una gigantesca burbuja, ese sería nuestros Universo. Un Universo que se va hinchando cada
vez más debido a su expansión interior. Fuera de los límites de
las paredes de la burbuja podrían existir millones de burbujas como la nuestra que, a su vez, contendrían galaxias como
la nuestra u otras estructuras espaciales regidas por exóticas
leyes. Serían otros universos que forman parte de ese multiverso en el que estaríamos todos. Eso no quiere decir que el
interior de cada burbuja tenga las mismas constantes físicas,
lo que ocasionaría universos diferentes al nuestro. Por ejemplo podrían existir universos en los que sólo concurren tres interacciones fundamentales, en vez de las cuatro nuestras. Un
caso sería eliminando la interacción débil y modificando varias constantes del modelo estándar de la física de partículas,
se conservarían las tres otras interacciones tal y como son en
nuestro Universo, también se modificarían otros parámetros
para hacer posible la fusión nuclear en la estrellas, con todo se
consigue un Universo con estructuras complejas que podría
albergar formas de vida similares a las nuestras.

Las primeras hipótesis sobre los multiversos aparecieron a finales de los años cincuenta cuando Hugh Everett III los planteó como alternativa a la interpretación de Copenhague de la mecánica cuántica. A mediados de los ochenta algunos cosmólogos propusieron que el proceso inflacionario que generó nuestro Universo podía ir eternamente engendrado nuevos Universos.

Hoy sabemos que el Universo observable en el que habitamos se extiende hasta unos 42.000 millones de años luz, lo que se considera nuestro horizonte cósmico, y que no existe ninguna razón para que termine allí, es más, se especula que más allá podría haber infinitos dominios similares al nuestro.

Los multiversos han dado pie a muchas teorías avanzadas que gozan de especial atención. John Archibald Wheeler planteó la idea de un Universo cíclico, con secuencias infinitas de universos que van alternando su colapso y su expansión de una forma que perdura siempre. Vilenkin y Linden se basan en la cosmología cuántica, y proponen que las fluctuaciones cuánticas en la nada producen nucleaciones que dan lugar a superuniversos diferentes y eternamente inflacionarios. Steven Weinberg partió de la hipótesis de multiversos para otorgar una constante cosmológica superior a cero en la que acomodar la aceleración en la expansión del Universo. Así llegaríamos hasta la teoría de cuerdas que apuntan la hipótesis de la existencia de un multiverso, un conjunto grandioso de 10^{500} Universos.

No quiero olvidar los modelos de Lee Smolin, en los que siempre se forman agujeros negros en cuyo interior se desencadenan la creación de otros Universos en un espacio distinto del suyos propio. Imaginen un Universo burbuja en el que se crea un agujero negro que llega a perforar esa burbuja y, como una gota o protuberancia de la burbuja, crea en ese espacio vacíó entre multiversos burbuja, otra burbuja que llega a separarse de la original e iniciar su propio Universo con su propia expansión. Tal vez el nuestro pudo haber nacido así, en tal caso seríamos la consecuencia de un agujero negro en otro Universo. Seríamos un Universo bebé que habría heredado algunas de las propiedades de su Universo progenitor, entre ellas la capacidad de producir nuevos agujeros negros que generasen nuevos universos.

Los multiversos es un tema complejo pero lleno de posibilidades matemáticas. La complejidad de este tema se convierte en inaccesible a los no expertos en la materia, especialmente cuando penetramos en los multiversos brana descritos por Lisa Randall y Raman Sundrum convertidos en subespacios tetradimensionales de un supuesto espacio-tiempo pentadimensional.

Si bien nuestros Universo con sus leyes parece firmemente ajustado, de tal forma que cualquier cambio en las constantes de las ecuaciones no llevan a un mundo imposible, ya que pueden impedir la formación de átomos, también ese posible cambio de constantes puede originar nuevas y sorprendentes estructuras compatible con alguna forma de vida. Una vida exótica, etérea, fantasmal, cuatridimensional o pentadimensional, cuyo concepto de existencia sea completamente diferente al nuestro. Podríamos hablar de formas de vida inteligentes, capaz de modificar su entorno y crear otros tipos de vida inferiores adaptadas a unas circunstancias que limitan su capacidad. Nosotros mismos somos lo que somos debido a unas circunstancias y evolución, pero nada impide que nuestros cerebros sigan desarrollándose y alcancemos capacidades que hoy atribuimos a los dioses.

Por ahora exploramos nuestro Universo y buscamos, cada vez con más ansiedad posibles formas de vida que nos confirmen que no estamos solos. Especialmente nuestra búsqueda se centra en seres aparecidos a nosotros. Manuel Vázquez

Abeledo y Eduardo Martín Guerrero de Escalante, del Instituto Astrofísico de Canarias y la Universidad de California, respectivamente; apuntan que podemos considerar cinco tipos de vida extraterrestre:

- Aquella que no ha evolucionado todavía hacia la inteligencia. Puede ser bacteriana o a nivel de plantas.
- Vida inteligente en un nivel sin tecnología, como los habitantes del medievo en nuestro pasado.
- Vida inteligente similar a la nuestra.
- Vida que han desarrollado una alta tecnología hasta el punto que utilizan la energía de su estrella.
- Y vida que utiliza toda la energía de la galaxia.

Creo que existen otras posibilidades de vida, podríamos encontrarnos con seres robóticos o biotecnológicos que fueran consecuencia de una civilización como la nuestra desaparecida que terminó volcando toda su inteligencia y memoria en máquinas.

O formas de vida con cerebros tan desarrollados y evolucionados que fuese imposible comprendernos por la diferencia de conceptos, valores y principios. O formas de vida cuyo contacto con nosotros no les interese lo más mínimo porque se encuentran en un nivel cuya búsqueda es completamente incomprensibles para nosotros. La existencia de vida en millones de planetas significa una riqueza de posibilidades que somos incapaces de intuir. A todas esas posibilidades añadamos los multiversos, un conjunto con 10^{500} Universos.

EPÍLOGO

Vivimos en un Universo, parte de un multiverso, verdaderamente maravilloso, somos testigos de una experiencia única cada uno de los habitantes que, fugazmente, transitamos por él. Habitamos un lugar que genera miles de inquietantes preguntas que nadie puede responder.

Estamos rodeados de astros fascinantes, cuerpos fríos, vacíos, silenciosos y pálidos como la Luna; otros gigantes y gaseosos como Júpiter con decenas de lunas girando en su entorno, algunos con espectaculares anillos como Saturno y Urano, otros desérticos y helados, unos con géiseres que alcanzan cientos de kilómetros de altura. Y más allá de este entorno próximo las estrellas de todos los colores; amarillas y enanas como la nuestra, rojas y gigantes como mil soles, algunas pequeñas como la Tierra, incluso marrones que esconden terribles reacciones nucleares en su interior. Las hay que giran en años, muchas en días y unas pocas en segundos. Más allá aún del mundo estelar, están las galaxias de caprichosas formas y sorprendentes tonalidades y, mucho más lejos, o tal vez más cerca de lo que pensamos, otros Universos iguales o completamente distintos al nuestro. Todo ello envuelto por multiversos donde la grandeza de los seres de la Tierra se disipa como un grano más en una inmensa playa de arena.

Incluso hemos descubierto ese mundo de lo infinitamente pequeño, el mundo subatómico, con extrañas y perturbadoras partículas que a veces son materia y otras veces son ondas, que se desplazan utilizando senderos invisibles, que aparecen y desaparecen caprichosamente, que se comunican entre ellas a millones de kilómetros de distancia, que viven un mundo con una leyes completamente distintas a las que gobiernan nuestra naturaleza.

A pesar de la belleza que nos ofrecen esos mundos que nos rodean existe un entorno cruel y catastrófico. Cometas y enormes asteroides chocan irremediablemente con otros astros, creando muerte y desolación, acabando con la posible vida que albergan. En otros lugares del Universo estallan estrellas calcinando y carbonizando su entorno de planetas, lanzando letales radiaciones a docenas de años luz de distancia. Agujeros negros aparecen como consecuencia de estrellas que colapsan y engullen todo su entorno arrastrándolo a un vórtice, en cuyo interior, no existe la vida ni el tiempo. Y en nuestro mundo, nuestra tecnología avanzada nos manifiesta su peligroso poder cuando desintegramos un simple y pequeño átomo de uranio enriquecido.

Los seres humanos somos consecuencia del azar y vivimos por azar, algunos arrastrando enfermedades incurables como le acaece a Hawking. Otros seres están sometidos a los avatares y circunstancias de su entorno, a veces favorable y otras veces terriblemente desdichado con sufrimientos e incomprensibles penurias. El azar ha permitido que nosotros, un espermatozoide entre 400 millones, llegásemos a vivir para contemplar con extrañeza un mundo completamente complejo e inquietante.

Nosotros, los humanos, nos creemos necesarios en este Universo, sin darnos cuenta que nuestra aparición ha sido una cuestión de azar, de suerte, de casualidad. Jacques Monod destacaba: «El Universo no necesita la vida, ni la biosfera, ni el Hombre, simplemente en la ruleta de Montecarlo salió nuestro número». Somos probabilidades y prueba de ello es que la probabilidad de ensamblar al azar las moléculas de un gen del Homo sapiens es de 1 sobre 10^{217}, es decir, prácticamente ninguna. Pero ocurrió y estamos aquí viendo todo este espectáculo azaroso, algunos con asombro e inquietudes buscando alguna respuesta, otros como simples espectadores, y unos cuantos cargados de prepotencia que les hace creer que son algo, cuando solo son un «puñado» de moléculas.

La necesidad para sobrevivir nos ha configurado como somos, no es un capricho de la naturaleza que tengamos una cabeza con una serie de órganos duplicados en ella. No es azar el hecho que esa cabeza disponga de una estructura ósea más resistente que proteja el cerebro, ni que esté situada en el mejor lugar del cuerpo. Sí es azar que hayamos evolucionado hasta aquí y estemos desarrollando una civilización tecnológica. Es azar porque hemos tenido suerte de vivir un período interglaciar, porque el Sol no nos ha lanzado una llamarada calcinadora, porque ninguna estrella ha explotado cerca de nosotros, porque ningún mega-volcán ha entrado en erupción arrasando toda la vida, porque ningún asteroide se ha cruzado en nuestra órbita, porque el azar ha sido benigno con nosotros.

Tenemos una vida corta sometida al azar, por eso es digno preguntarse qué somos, de dónde venimos, qué significa este mundo que nos rodea, hay otros seres en el Universo, hay algo después de la muerte. Nuestros cerebro con millones de neuronas forma parte de todo este entramado, de este espectáculo cruel y maravilloso a la vez, somos un ensamblaje de moléculas que han decidido pensar sobre ellas mismas.

Comprender el Universo infinitamente grande y el mundo subatómico infinitamente pequeño ha sido la mayor hazaña en la que nos hemos implicado. Transmitir esos conocimientos a los ciudadanos y hacérselos entender se convierte en una tarea ardua, pero terriblemente reconfortante cuando te aseguran que esos conocimientos los han «enganchado».

Hay que seguir investigando, leer a los que nos dan ánimos para saber más, para comprender porque vivimos en este mundo, para continuar indagando, para buscar respuestas. Y los jóvenes, especialmente, deben buscar a aquellos que los ilustran, que les saben enseñar. Dicen en la Universidad del MIT que no hay malos alumnos, sólo malos profesores.

No podemos llegar al final de nuestras vidas y no comprender nuestro paso por este mundo. Debemos esforzarnos en saber qué significa lo que nos rodea, convertir nuestras vidas en la acción más digna de todas: saber el porqué de nuestra existencia. No existe acto más dignificante que compartir con otros seres humanos nuestras emociones y enriquecer nuestros cerebros con creatividad y niveles más altos de conocimiento y consciencia. Y si llegamos al final de nuestras vidas y no entendemos nada es que nos hemos rodeado de mediocres.

ANEXO A

Otros Científicos Ateos

Stephen Hawking no es ni ha sido el único científico ateo, en la historia han existido muchos y en la actualidad, según la revista *Nature* un 75% lo son, aunque en otros medios se habla del 90%. A continuación se expone una relación de los más famosos, fallecidos y contemporáneos:

Asimov, Isaac (Divulgador científico)
Atkins, Peter (Químico)
Branson, Richard (Ingeniero)
Brin, Sergey (Físico/Magnate)
Buffon, Georges Louis (Geólogo)
Bungen, Mario (Filósofo)
Clarke, Arthur (Divulgador científico)
Crick, Francis (Biólogo)

Chomsky, Noam (Semiólogo)
Coyne, Jerry (Biólogo)
Darwin, Charles (Naturalista)
Dawkins, Richard (Zoologo-Biólogo)
Dennet, Dan (Filósofo)
Druyan, Ann (Guionista de la serie *Cosmos*)
Dirac, Paul (Físico)
Einstein, Albert (Físico)
Feynman, Richard (Físico)
Freud, Sigmund (Psiquiatra)
Gates, Bill (Informático)
Gould, Stephen Jay (Paleontólogo)
Grayling. A.C. (Filósofo)
Hawking, Stephen (Físico)
Hegel, George (Filósofo)
Heisenberg, Werner (Físico)
Higgs, Peter (Físico)
Hoyle, Fred (Cosmólogo)
Hume, David (Filósofo)
Huxley, Aldous (Escritor)
Huxley, Julian (Biólogo)
Huxley, Thomas (Biólogo)
Jung, Carl (Psiquiatra)
Kant, Immanuel (Físico)
Kurzweil, Ray (Ingeniero Informático)
Kroto, Harold (Nobel de Química)
Krauss, Lawrence (Físico teórico)
Laplace, Pierre-Simón (Astrónomo)
Locke, John (Filósofo)
Marx, Karl (Político)
Monod, Jacques (Biólogo)
Nagel, Thomas (Filósofo)
Nietzsche, Friedrich (Filósofo)

Page, Larry (Informático)
Penrose, Roger (Físico, matemático)
Pauli, Wolfgang (Físico)
Punset, Eduard (Economista)
Russell, Bertrand (Matemático-Filósofo)
Sabater, Fernando (Filósofo)
Schopenhauer, Arthur (Filósofo)
Schrödinger, Erwin (Físico)
Sagan, Carl (Astrónomo-Cosmólogo)
Sheldrake, Rupert (Bioquímico)
Watson, James (Biólogo)
Weinberg, Steven (Físico)

Otros Ateos

David Aaronovitch (Columnista, humanista, *The Times*)
Woody Allen (Director de cine)
Joseph Campbell (Mitólogo)
Charles Chaplin (Artista)
Dario Fo (Actor, Premio Nobel)
Leo Bassi (Actor)
Robert Heinlin (Escritor)
Tomás Jefferson (Político)
George Bernard Shaw (Escritor, Premio Nobel)
H. G. Wells (Escritor)
Bradt Pitt (Artista)
James Cameron (Director de cine)
Steven Pinker (Psicólogo)
Christopher Hitchens (Escritor)
Harod Bloom (Escritor, semiólogo)
André Comte-Sponville (escritor)
José Saramago (Escritor)
Emile Cioran (Escritor)
Michel Onfray (Escritor)

Sam Harris (Filósofo)
Piergiorgio Odifredi (Matemático)
Robert L. Park (Sociólogo)
P.Z. Meyer (Biólogo)
Larry Moran (Bioquímico)
John Allen Paulos (Matemático)
P. Pullman (Escritor)
Gore Vidal (Escritor)
Peter Boghossian (Filósofo)
George Perdikis (Banda musical Newboys)
Edward Osborne Wilson (biologo, Premio Pulitzer)
Julianne Moore (artista)

ENTRE LOS ATEOS ESPAÑOLES:

Joaquín Trincado (Escritor)
Javier Krabe (Cantautor)
Pancho Varona (Compositor)
José Miguel Monzón (Gran Wyoming) (Actor)
Miguel Ríos (Cantante)
Álex de la Iglesia (Director de Cine)
Pepe Rubianes (Filósofo-Artista)
Fernando Savater (Filósofo)

APOYAN EL MOVIMIENTO DE ATEOS DE R. DAWKINS:

Lawrence Krauss (Dr. Fisico del MIT)
Ricky Gervais (Músico)
Cameron Diaz (Artista)
Sarah Silverman (Actriz)
Bill Pulman (Actor)
Werner Herzog (Directo cine, escritor)
Bill Maher (Presentador de TV)
Tim Minchin.(Actor-Músico)
Eddi Izzard (Actor)

Ian McEwan (Novelista)
Adam Salvage (Presentador TV)
Ayaan Hirsi Ali (Escritor)
Penn Jikkette (Actor)
James Rabdz (Ilusionistas-Escritor)
Cormac McCarthy (Escritor-Premio Pulitzer)
Paul Provenza (Actor)
James Morrison (Cantante)
Michael Shermes (Escritor-Fundador de Skepties)
David Silverman (Productor de cine)

ANEXO B

Relación y breve descripción de los científicos más destacados que se mencionan en el libro.

Asimov, Isaac. (1919 – 1992) Bioquímico ruso popular por sus novelas de ciencia-ficción entre las que destacan la trilogía de *Fundación* y *Yo robot*. Ateo.

Aspect, Alain. (1947) Físico experimental francés. Ha hecho importantes contribuciones en la mecánica cuántica. Premio Wolf en Física.

Baarden, John. (1908 – 1991) Estadounidenses. Uno de los pocos científicos galardonado dos veces con el Premio Nobel (1956 y 1972), por sus contribuciones en los semiconductores y transistor.

Bohr, Niels. (1885 – 1962) Físico danés que realizó importantes contribuciones en la estructura del átomo y la mecánica cuántica. Premio Nobel de Física 1922.

Bolzmann, Ludwig. (1844 -1906) Físico austriaco autor de la constante de Bolzmann y el término «entropía».

Clark. C. Arthur. (1917 -2008) Científico británico y divulgador. Autor de novelas de ciencia ficción como *2001: Una odisea del espacio, Cita con Rama, Las fuentes del paraíso.* Premio Nébula y Kalinga. Condecorado con la Orden del Imperio Británico.

Davis, Paul. (1946) Físico británico, dirige el instituto BEYOND. Apoya el viaje a Marte. Premio Templeton y Faraday. Autor de *Los últimos tres minutos, Otros mundos, La mente de Dios.*

Dawkins, Richard. (1941) Etólogo y zoólogo nacido en Kenia y en la actualidad británico. Introdujo el término «memes». Autor de destacados libros como *El gen egoísta* y *El espejo de Dios.* Conocido por sus enfrentamientos contra la Iglesia, su postura atea y su movimiento ateo internacional.

Drake, Frank. (1930) Químico. Pionero de SETI, Proyecto Ozma en 1960. Defensor de la existencia de vida en otros exoplanetas.

Drell, Sidney. (1926) Físico teórico con importantes contribuciones en la electrodinámica cuántica y la física de partículas. Asesor del Gobierno de Estados Unidos en seguridad y control de armas.

Deutsh, David. (1953) Físico israelí. Primero en la computación cuántica. Primero en formular algoritmos cuánticos. Trabaja en universos paralelos. Autor de *The Fabric of Reality* que habla de los multiversos y la teoría del Todo.

Eddigton, Arhur. (1882 -1944) Astrofísico británico, ganador de varias medallas. Trabajó en la teoría de la unificación.

Einstein, Albert. (1879 – 1955) Considerado por algunos como el mayor científico que ha existido. Judío de origen alemán investigó el efecto fotoeléctrico y el movimiento browniano. Desarrolló las teorías especial y general de la relatividad. Fue Premio Nobel 1921 y Premio Max Planck 1929. Panteísta.

Everett III, Hugh. (1930 -1982) Físico estadounidense. El primero que propuso la idea de los universos paralelos en la física cuántica.

Feinberg, Gerald .(1933 – 1992) Físico y futurista estadounidense, acuño el término «taquiones» para describir partículas más veloces que la luz. Predijo el neutrino muón. Autor de *Vida más allá de la Tierra* y *Proyecto Prometeo*.

Fermi, Enrico. (1901 – 1954) Físico italiano. Desarrolló el primer reactor nuclear. Premio Nobel de Física 1938, por la radioactividad inducida. Medalla Max Planck 1950.

Freeman, Dyson. (1923) Físico y matemático. Creador de la «Esfera de Dyson». Premio Hughes, Planck, Wolf, Templeton. Se ha incorporado al proyecto de Hawking para enviar naves a Próxima Centauri.

Feynman, Richard Phillips. (1918 -1988)Físico teórico norteamericano. Transgresor de formulismos fue galardonado con el premio Nobel de Física de 1965, creador de los diagramas de su nombre, considerado uno de los diez más importantes científicos que han existido. Ateo.

Gell-Mann, Murray. (1929) Físico estadounidense. Premio Nobel de Física 1969 por su trabajo sobre las partículas elementales. Autor de *The Quark and the Jaguar*. Medalla Albert Einstein.

Gibbs, Josiah Willard. (1839 – 1903) Físico estadounidense, contribuyó a la fundación de la Termodinámica, muchas ecuaciones, principios, paradojas y reglas llevan su nombre.

Gödel, Kurt. (1906 -1978) Matemático, filósofo austrohúngaro, reconocido por el Teorema de incompletitud de Gödel. Premio Albert Einstein.

Guth, Alan. (1947). Físico y cosmólogo, fue el primero que formuló la teoría del Universo inflacionario. Ha recibido diversos premios y medallas.

Hameroff, Stuart. (1947)Anestesista estadounidense. Con Penrose promovió el estudio de la consciencia cuántica.

Hartle, James. (1939) Físico estadounidense. Ha investigado con Hawking, tiene importantes contribuciones en cosmología cuántica y gravitacional.

Higgs, Peter. (1929) Físico británico, predijo la partícula de su nombre. Desarrolló la ruptura de la simetría en la teoría electrodébil y explicó el origen de la masa en las partículas elementales. Premio Nobel de Física en 2013.

Hoyle, Fred. (1915 – 2001) Astrónomo, astrofísico y matemático, británico famoso por su teoría de la nucleosínteis estelar. Rechazó la teoría del *big bang*. Ateo.

Hubble, Edwin (1889 – 1953) Astrónomo y astrofísico. Descubrió el corrimiento hacia el rojo que confirmó la expansión del Universo. El telescopio Hubble lleva su nombre en su honor.

Kane, Gordon. (1937) Reconocido físico de partículas estadounidense, sus teorías van más allá del modelo estándar de física cuántica.

Kaku, Michio. (1947). Físico teórico en teoría de cuerdas. Divulgador por TV. Más de un docena de libros entre los que destaca *Física de lo imposible*.

Kroto, Harold. (1939 - 2016) Químico británico. Premio Nobel de Química en 1996 por sus investigaciones con nuevos materiales.

Lemaître, George. (1894 – 1966) Astrónomo belga. Propuso la teoría de la expansión del Universo que más tarde se llamó *big bang*.

Maxwell, James Clerk. (1831 – 1979) Físico escocés que desarrolló varias teorías y ecuaciones en el electromagnetismo y termodinámica.

Mayor, Michel. (1942) Astrónomo suizo que junto a Didier Queloz descubrió el primer exoplaneta en 1995. Medalla Albert Einstein.

Milner, Yuri. (1961) Físico ruso, empresario, multimillonario, creador de diversos premios. Patrocinador de la idea de Hawking de enviar nanonaves a Próxima Centauri.

Mlodinow, Leonard. (1954) Físico y matemático estadounidense. Destaca por su teoría de Perturbacional y la Teoría cuántica de campos. Ateo.

Moebius, August Ferdinand. (1790 – 1868) Inventó la banda o cinta de su nombre. Fue matemático y astrónomo alemán. Desarrolló la geometría proyectiva.

Mukhanov, Viatcheskav. (1956) Físico teórico y cosmólogo ruso que ha desarrollado teorías sobre el origen de las estructuras del Universo.

Newton, Isaac. (1642 – 1727) Físico, filósofo, teólogo matemático y alquimista. Describió la Ley gravitacional universal. Investigó en la luz y la óptica. Fue creyente.

Oppenheimer, Robert. (1904 – 1967) Físico teórico estadounidense. Participó en el desarrollo de la bomba atómica en el Proyecto Manhattan. Premio Enrico Fermi.

Penrose, Roger. (1931) Físico y matemático inglés, polémico filósofo. Premio Wolf con Stephen Hawking en 1988. Nombrado Caballero (Sir) en 1994. Ateo y autor de *La nueva mente del emperador*.

Peskin, Michael. (1951) Físico teórico estadounidense. Creador del parámetro Peskin-Takeuchi.

Preskill, John. (1953) Físico teórico estadounidense. Ha investigado en la computación cuántica y teoría de la información. Sus apuestas contra Hawking y Thorne son populares.

Podolsky, Boris. (1896-1966) Físico miembro de la paradoja EPR (1935) impulsada por Einstein.

Punset, Eduard. (1936) Nació en Barcelona. Jurista, economista escritor y director del programa Redes de TVE. Premio Creu de Sant Jordi. Agnóstico.

Rosen, Nathan. (1909 – 1995) Físico israelí, miembro de la paradoja EPR (1935) impulsada por Einstein.

Russell, Bertrand. (1872 – 1970) Filósofo y matemático. Premio Nobel de Literatura. Pacifista. Más de 70 libros entre los que destacamos *Por qué no soy cristiano*. Era ateo.

Smolin, Lee. (1955)Físico teórico que investigó en el campo de la gravedad cuántica. Autor de *Life of Cosmos*. Ateo.

Susskind, Leonard. (1940) Físico teórico. Campos: teoría de cuerdas, y cosmología cuántica. Desarrollo el Principio Holográfico. Ateo.

Tegmark, Max. (1967) Cosmólogo sueco. Analista de datos a escala cósmica. Trabaja en la teoría de los multiversos y la teoría del suicidio cósmico. Participa en numerosos programas de TV, entre ellos el famoso «Horizon» de BBC.

Thorne, Kip. (1940) Físico teórico y astrofísico con grandes contribuciones en la física gravitacional y los agujeros negros. Amigo de Stephen Hawking y Carl Sagan. Numerosos premios. Ateo.

Sagan, Carl. (1934 – 1996) Astrónomo, astrofísico, cosmólogo y el más importante divulgador científico que ha habido. Popular por su serie *Cosmos* de TV. Premio Pulitzer por su libro *Los dragones del Edén*. Agnóstico.

Sandage, Allan. (1926 -2010) Astrónomo estadounidense, estudió espectros estelares y galaxias. Varios premios y nominaciones.

Sheldrake, Rupert. (1942) Bioquímico y biólogo británico. Conocido por su teoría de la «resonancia cósmica» y sus trabajos en percepción extrasensorial.

Schwarzschild, Karl. (1873 -1916) Físico y astrónomo alemán que murió prematuramente, investigó en las teorías de las órbitas celestes y las estrellas dobles.

Weinberg, Steven. (1933) Premio Nobel de Física por su contribución al estudio de la fuerza nuclear débil. Autor de *Los tres primeros minutos del Universo*.

Wheeler, John Archibald. (1911 – 2008) Físico teórico estadounidense, hizo grandes contribuciones en física de partículas y fisión nuclear. Popularizó el término «agujero negro». Obtuvo diversos premios.

Wolf, Fred Alan. (1934) Físico teórico especializado en mecánica cuántica. Escritor y divulgador en Discovery Channel. Más de 40 libros entre los que destaca *En busca del Águila* referente a la física cuántica y la consciencia.

Wordem, Pete. (1949) Exdirector de la NASA, astrofísico. Se ha incorporado al proyecto de Hawking para enviar nano-naves a Próxima Centauri.

ANEXO C

Starmus 2016. Más allá del Horizonte. Homenaje a Stephen Hawking.

Como estaba previsto el 27 de junio comenzó la Tercera Edición de Starmus, un encuentro del que ya hemos hablado en el capítulo sexto y que en 2016 se inició con el lema: «Más allá del Horizonte».

Este tercer encuentro, además de consolidar este gran festival de la ciencia, significó un tributo especial y homenaje a Stephen Hawking, en el marco de la isla de Tenerife y bajo la dirección de su fundador y creador Garik Israelian.

A Stephen Hawking, arropado por amigos y premios nobel, se le tributó un concierto en el que participó el compositor Hans Zimmer, la soprano Sarah Brightman y la banda de rock Anathema.

El comité científico del festival estaba compuesto por Stephen Hawking; el astrofísico Dr. Brian May; Alexei Leonov, primer astronauta ruso en realizar una paseo espacial; y el etólogo y famoso ateo Richard Dawkins.

En el festival se proyectaron documentales científicos, hubo música, conferencias y el Teide Starmus Party, una observación nocturna de nuestra Vía Láctea desde el Parque Astronómico de la isla.

Entre las actividades de interés cabe destacar la presentación de Brian May de una experiencia de realidad virtual con una inédita colección de fotografías del Universo.

Stephen Hawking fue el encargado de entregar las medallas que llevan su nombre, y que fueron otorgadas a Jin Al-Khalili y a Hans Zimmer, por su documental cinematográfico de divulgación científica titulado Locos por las partículas.

Entre los conferenciantes estaban Neil DeGrasse Tyson, astrofísico y popular divulgador científico de televisión; Eric Betzig, premio Nobel de Química en 2014; Chris Hadfield, famoso astronauta de la Estación Espacial; Martin Rees, astrónomo y profesor de Cambridge, autor de varios libros famosos; Adam Riess, astrónomo y físico, premio Nobel de Física 2011; Russell Schweickart, astronauta de la NASA que participó en el programa Apolo; Neil Turok, físico y autor de *Endles Universe: Beyond the Big Bang*; y Kip Thorne, astrofísico, asesor de la película *Interstellar*, dirigida por Christopher Nolan.

Uno de los actos más esperados fue la intervención de Stephen Hawking, Stiglitz y Kaspersky, que analizaron las amenazas mundiales.

Las sesiones de conferencias tuvieron diferentes moderadores. La primera sesión de Starmus, el pasado 27 de junio, fue moderada por Jin Al-Khalili e intervino el premio Nobel Adam Riess que habló de la aceleración del Universo; Brian Greene trató la teoría de Cuerdas y la naturaleza de la realidad; el premio Nobel Robert Wilson explicó cómo se descubrió la radiación del *big bang*; Alfred McWen se refirió a la búsqueda de vida en Marte y Europa; Brian Cox habló de los problemas relativos a la comunicación de la ciencia en el siglo XXI; Barry

Barish trató sobre los agujeros negros, Einstein y el chirrido cósmico; Robert J. Sawyer destacó los posibles futuros con los que nos toparemos; Peter Schwartz trató la pesadilla que puede representar la IA y los robots; Joel Parker habló de Plutón y el cinturón de Kuiper; Steve Belbum detalló el proceso evolutivo de los peces y anfibios. La sesión terminó con la intervención del premio Nobel Eric Betzig que hizo un recorrido desde el microscopio electrónico hasta los grandes instrumentos de observación del Cosmos.

La segunda sesión fue moderada por Jill Tarter, y arrancó la intervención del premio Nobel Brian Schmidt que habló de las profundidades oscuras del Universo; Roger Penrose trató las nuevas perspectivas del Cosmos; Richard Rapley trató el tema del cambio climático; Jill Tarter Y Neil deGrasse Tyson polemizaron sobre la vida inteligente en otros lugares del Universo; Eugene Kaspersky planteó los problemas de la seguridad cibernética; los premios Nobel Edward Moser y May Britt Moser abordaron los avances en el mapa cerebral y la memoria; Danny Hillis habló de la «Era de los enredos»; y finalmente Carolyn Porco detalló lo que se consiguió con Cassini y la exploración de Saturno.

El tercer bloque de conferencias se inició con la intervención de Stephen Hawking. Brian Eno habló de arte y la ciencia; el premio Nobel Joseph Stiglitz trató la desigualdad; Martin Rees los multiversos; la premio Nobel Elizabeth Blackburn destacó la necesidad de una defensa ecológica del planeta; el premio Nobel David Gross planteó los futuros retos de la física; y Richard Dawkins y Steven Balbus abordaron el tema de la evolución.

Mientras se desarrollaban los actos Stephen Hawking concedió algunas entrevistas a los medios de difusión. En una de sus intervenciones advirtió que la mayor parte de su trabajo sobre los agujeros negros podría no ser demostrado nunca.

En otra de sus ruedas de prensa abordó el tema del Cosmos destacando que «el futuro de la humanidad está en el Cosmos» y que «la exploración del espacio ha sido una gran unificadora entre naciones que no han negado su cooperación». Dentro de este mismo tema explicó «que la conquista del espacio con más tripulaciones y pasajeros, ayudará a reconocer nuestro lugar y nuestro futuro en el Cosmos, donde está nuestro destino final». Personalmente insistió en que si Richard Branson lo invita a viajar en su nave Virgin Galactic, no dudará en aceptar.

Aunque ya había expuesto su opinión con referencia a las ondas gravitacionales, destacó en una de sus entrevistas que «se había descubierto una nueva forma de observar el Universo (...) y que este descubrimiento tenía el potencial de revolucionar la astronomía».

El lunes 27, Stephen Hawking concedió una entrevista a Larry King, quien ya lo había entrevistado hace seis años. En la entrevista a King, Stephen Hawking, insistió que las principales amenazas a los seres humanos son la superpoblación y la contaminación, y que esta última, desde la entrevista que le realizó King hace seis años, había aumentado un 8%, lo que significaba que el 80% de la población urbana estaba expuesta a alguna enfermedad.

Hawking habló también con King sobre la inteligencia artificia (IA), destacando que tenía un potencial de evolución más rápido que la raza humana, y que no podemos predecir si sus objetivos (los de la IA) serán los mismos que los nuestros.

La conferencia estrella la protagonizó Stephen Hawking el día 29 en Arona (Tenerife), con una sala abarrotada de público a la que Hawking llegó escoltado por sus médicos personales y la policía.

Destacaré anecdóticamente que la escolta policial de Hawking se debía a varias amenazas que había recibido por e-mail de una mujer norteamericana que le anunciaba que «lo asesinaría» en este Starmus. La mujer fue detenida en el mismo día 29 por la policía española. En principio el juez dictaminó que debería permanecer a 500 metros de distancia de Stephen Hawking.

El enunciado de la conferencia se parecía a su libro más famoso y se titulaba «Una breve historia de mi vida». Recordó el físico cómo le detectaron su enfermedad y cómo, desde el primer momento, le anunciaron que no había nada que hacer. Seguidamente realizó un paralelismo entre su vida y el nacimiento de la cosmología como disciplina para comprender los fundamentos del Universo. Destacó que su mayor contribución fueron sus investigaciones sobre los agujeros negros y el hecho de que no fueran tan negros como se pensaba. Destacó que en la actualidad sigue investigando con otros científicos de la Universidad de Cambridge para desarrollar una nueva teoría que explique la mecánica de cómo la información retorna de los agujeros negros.

Defendió la exploración espacial y sus grandes costes económicos. En este contexto destacó que se trataba de un problema de la supervivencia de nuestra especie, ya que dijo: «No creo que vivamos mil años más sin que tengamos que dejar este planeta para buscar otro, y esta es una de las razones por las que estimulo a la gente a que aumente su interés por el Universo».

Finalizó destacando que había sido un tiempo glorioso para estar vivo y que en los últimos 50 años habíamos realizado un gran progreso en nuestra comprensión del Universo. Concluyó destacando: «Mi consejo es recordéis mirar hacia arriba, hacia las estrellas, no a vuestros pies... intentad encontrar el sentido de lo que veis, sed curiosos».

GLOSARIO

Agujero de gusano: Túnel entre dos Universos paralelos, o entre dos regiones remotas de un mismo Universo.

Agujero negro: Región de espacio con un poderos campo gravitatorio que no permite que nada escape, ni la luz, una vez se ha sobrepasado el horizonte de sucesos. Los agujeros negros son consecuencia de estrellas moribundas que colapsan.

Agujero negro de Kerr: Agujero negro en rotación. Los objetos absorbidos experimentan una fuerza finita de gravedad y pueden caer hacia un universo paralelo. Una vez que se entra en ellos no se puede regresar.

Antimateria: Lo contrario a la materia. Tiene carga contraria a la materia ordinaria. Cuando materia y antimateria se encuentran se aniquilan mutuamente. Impera el misterio por el cual nuestro Universo está hecho principalmente de materia y no de antimateria.

Año luz: La distancia que recorre la luz en un año, que es 9,46 billones de kilómetros. Concretamente 9.460.990.821.000 kilómetros, ó 63.240 unidades astronómicas, ó 0,3066 pársecs. (Pársec, distancia a que se encuentra un astro cuya paralaje anual es de un segundo de arco; equivale a 3,26 años luz o

206.265 unidades astronómicas.) Una unidad astronómica es igual a la distancia media de la Tierra al Sol, unos 149.600.000 kilómetros o, aproximadamente, 8 minutos luz.

Asteroide: Cuerpo compuesto de roca y metales que orbita, generalmente, entre Marte y Júpiter.

Barión: Partícula que obedece a la interacción fuerte. Se trata de un tipo de hadrón.

Big bang: Explosión original a raíz de la cuál se fue creando todo nuestro Universo. Tuvo lugar hace 13.700 millones de años. La luminiscencia del *big bang* se observa hoy en la radiación de fondo de microondas. El *big bang* se demuestra a través del desplazamiento al rojo de las galaxias; el fondo cósmico de la radiación de microondas y la nucleosíntesis de los elementos.

Big bounce: Nombre que se le da al «rebote de Hawking».

Big crunch: También conocido como gran implosión. Sería una hipotética inversión de la expansión original, llevando al Universo a colapsarse.

Bosón: Partícula subatómica con interacción gravitatoria. El bosón Z: carga eléctrica=0, Masa 91 GeV. Los bosones W^+/W^-, carga eléctrica +1 o -1. Masa 80,4 GeV.

Bosón de Higgs: Responsable de la masa de las otras partículas. La masa de Higgs debe estar comprendida entre los 100 y los 1000 gigaelectronvoltios (GeV). El bosón de Higgs se desintegra en una billonésima de picosegundo (un pico segundo es una billonésima de segundo)

Brana: Abreviación de membrana. Puede ser una hoja bidimensional o una variante de varias dimensiones. Pueden estar en cualquier dimensión hasta la undécima. Son la base de la teoría M, candidata a una teoría del Todo.

Campo de Higgs: Campo cuántico que explica el hecho de que algunas partículas elementales tengan masa.

Colapso de función ondulatoria: Cambio que se produce en la función cuántico-ondulatoria cuando se observa. Es lo que se denomina «efecto observador», el cambio repentino en una propiedad física de la materia, a nivel subatómico, cuando la propiedad es observada.

Complementariedad: Principio que determina que el Universo físico no puede ser conocido nunca independientemente de las alternativas que el observador elija observar. La observación excluye la posibilidad de la observación simultánea de su complementario.

Constante de Hubble: La constante de Hubble se determina por la velocidad de una galaxia con desplazamiento al rojo dividida por su distancia. Esta constante mide la tasa de expansión del Universo. Cuando más baja es, más viejo es el Universo. Las últimas mediciones sitúan esta constante en 71 km/s por millón de parsecs (o 21,8 km/s por millón de años luz)

Densidad crítica: Es la densidad a la que el Universo se encuentra en su punto crítico, entre la expansión eterna y el colapso.

Desplazamiento hacia el azul. Corresponde al efecto Doppler. Si una estrella amarilla se acerca, veremos su luz ligeramente azulada.

Desplazamiento hacia el rojo: Corresponde al efecto Doppler. Si una galaxia se aleja de nosotros se produce un enrojecimiento. Es lo que se denomina corrimiento hacia el rojo.

Determinismo: Punto de vista según el cual la evolución está gobernada por una serie de reglas que, a partir de un estado inicial particular, pueden generar una secuencia y solo una de estados futuros.

Deuterio: Núcleo pesado de hidrógeno, compuesto de un protón y un neutrón. Se creo en el *big bang* y permite el cálculo de las condiciones primarias de la explosión.

Dimensiones: Nuestro Universo tiene tres dimensiones de espacio (longitud, amplitud y profundidad) y una cuarta que es el tiempo. La teoría de cuerdas y teoría M, precisa diez dimensiones (once) para describir el Universo.

Dualidad onda-partícula: La materia puede existir con dos apariencias, como onda o partícula. Como onda está desplegada en el espacio. Como partícula está concentrada ocupado sólo un punto. La dualidad impide observar la materia con sus dos apariencias simultáneamente.

Ecuación de Dirac: Expresión matemática que explica el comportamiento de los electrones que se desplazan a velocidades cercanas a la luz.

Ecuación de Maxwell: Ecuación que muestra que los campos eléctricos y magnéticos pueden convertirse uno en otro en un movimiento semejante a una onda.

Efecto Casimir: Energía negativa creada por dos placas paralelas sin carga, infinitamente grandes, colocadas una junto a otra. Las placas terminan atrayéndose una a otra. El efecto Casimir puede utilizarse como energía para hacer funcionar una máquina del tiempo o un agujero de gusano.

Efecto Doppler: Cambio de frecuencia de una onda a medida que un objeto se acerca o se aleja del observador. Las estrellas que se acercan tienen un aumento de frecuencia que produce un corrimiento hacia el azul. Si se aleja, la frecuencia disminuye originando un corrimiento hacia el rojo.

Efecto túnel: Proceso por el cual las partículas pueden atravesar barreras imposibles para la mecánica newtoniana. Algunas teorías apuntan a que el Universo pudo haberse creado por el efecto túnel. También se especula en la posibilidad que se podría abrir un túnel hacia otros Universos.

Electrón: Partícula subatómica cargada negativamente que rodea el núcleo de un átomo (-1e.Masa: 0,511 MeV). Es de la familia de los leptones, inmunes a la interacción fuerte.

Electronvoltios: Cantidad de energía que un electrón recibe si cruza desde la carcasa (negativa) de la pila de un voltio a su polo positivo. [KeV= mil electronvoltios; MeV= un millón electronvoltios; GeV= mil millones de electronvoltios; TeV= billón de electronvoltios]

Enana blanca: Estrella que llega al final de su vida. Surge tras el agotamiento de una gigante roja en su combustible de helio y colapso. Tienen unas dimensiones parecidas a la Tierra.

Energía de Plank: 10^{19} miles de millones de electronvoltios. Puede corresponder a la energía de *big bang*.

Energía negativa : Energía con valor inferior a cero. La energía negativa es útil para la creación y estabilización de agujeros de gusano.

Energía oscura: El 73% de la materia/energía del Universo es energía oscura. La energía oscura es la supuesta causa de la aceleración de la expansión del Universo. La cantidad de energía oscura es proporcional al volumen del Universo.

Entropía: Es la medida del desorden. La segunda ley de la termodinámica destaca que la entropía total en el Universo aumenta siempre. La entropía predice la muerte del Universo.

Espectro: Diferentes colores o frecuencias de la luz. El espectro permite saber cual es el contenido de las estrellas, es decir, que elementos la componen.

Estrella de neutrones: Estrella colapsada de neutrones. Su diámetro es menor de 25 kilómetros de diámetro. Son remanentes de supernovas, que pueden llegar a convertirse en agujeros negros.

Exoplaneta: Planeta extrasolar, aquel que orbita alrededor de una estrella que no es nuestro Sol.

Experimento Einstein-Podolsky-Rosen (EPR): Medida que se realiza en dos partículas lanzadas en direcciones opuestas (medida de espín de estas) y que demuestra la existencia de una conexión entre ellas por muy alejadas que estén.

Fotón: Partícula o cuanto de luz. No tiene carga eléctrica, ni masa inercial.

Fuerzas, Interacciones (cuatro): Gravedad: mantiene unido el sistema solar y la galaxia. Interacción electromagnética: Sus leyes están descritas en las ecuaciones de Maxwell. Sin ella no habría luz, ni átomos, ni enlaces químicos. Interacción fuerte : Mantiene unido el núcleo del átomo. Sin ella no existiría la materia. Interacción débil: Responsable de la desintegración radiactiva. Calienta el centro de la Tierra. Hace posible la nucleosíntesis, la creación de hidrógeno. Si esta fuerza no existiría el Universo.

Función de onda: La onda que acompaña a toda partícula subatómica. En la teoría cuántica, la materia se compone de partículas puntuales, la probabilidad de encontrar la partícula la da la función de onda. Toda la física cuántica está formulada en términos de estas ondas.

Fusión: Unión de núcleos ligeros para formar otros más complejos, en el proceso hay una liberación de energía. La fusión hidrógeno y helio crea la energía de nuestro Sol.

Galaxia: Conjunto de estrellas, miles de millones. Tienen diferentes formas, elíptica, espiral, barradas e irregulares, etc. Nuestra galaxia se denomina Vía Láctea.

Gigante roja: Estrella que quema helio y se está agotando.

Gran Teoría Unificada (GUT): Teoría que unifica las interacciones débiles, fuertes y electromagnéticas. Carece de gravedad y supersimetría.

Gravitón: Partícula cuántica del campo gravitatorio que no tiene masa ni carga. Tiene un espín doble. Puede entrar y salir de un mundo brana.

Hiperespacio: Tiene dimensiones superiores a cuatro. La teoría de las cuerdas predice diez (once).

Horizonte de sucesos: Es la entrada de un agujero negro, también se llama radio crítico o radio de Schwarzschild. Es el punto de no retorno, si se atraviese ya no se puede regresar.

Inflación: Su teoría es que el Universo, después del momento de la creación, se expandió a mayor velocidad que la luz.

Interpretación de Copenhagen: Establece que es necesaria una observación para «colapsar la función de onda» al determinar la condición de un objeto. Antes de realizar una observación, un objeto existe en todas las condiciones posibles, incluso las más absurdas.

Límite de Chandrasekhar: Límite de 1,4 masas solares que tiene una estrella enana blanca, antes de colapsar y convertirse en una supernova.

Longitud de Plank: Escala encontrada en el *big bang* en la que la fuerza gravitacional era tan fuerte como las otras fuerzas. Equivale a 10^{-33} centímetros.

Materia exótica: Materia con energía negativa (la antimateria tiene energía positiva). La materia exótica tendría antigravedad, caería hacia arriba. Podría utilizarse para hacer funcionar una máquina del tiempo. Esta materia no se ha encontrado, es solo teórica.

Materia oscura: La materia oscura constituye el 23% del total de materia/energía del Universo. Suele localizarse en torno a las galaxias.

Modelo estándar: Se basa en la simetría de los quarks, la simetría de los electrones y neutrinos y la simetría de la luz. La teoría describe partículas y sus interacciones: quarks, gluones, leptones, bosones y la partícula de Higgs. Carece de la mención de la gravedad y por tal motivo no puede ser candidata a la teoría del todo.

Multiplicidad de Calaba-Yau: Se refiere a un espacio de seis dimensiones que surge cuando tomamos la teoría de las cuerdas de diez dimensiones y enrollamos o compactamos seis dimensiones en una bola, dejando un espacio super-simétrico de cuatro dimensiones.

Multiversos: Universos múltiples. Universos con diferentes estados cuánticos. Debe haber un número infinito de universos paralelos desunidos unos de otros. En la teoría M, los multiversos pueden colisionar unos con otros. La teoría presenta multiversos cíclicos, cuánticos, de branas, holográficos, inflacionarios, etc.

Neutrino: Son partículas que surgen de las reacciones que se dan dentro de las estrellas. Lo atraviesan todo, incluso paredes de plomo de varios años luz. No tienen carga y una masa bajísima. Se conocen tres clases: electrónico, muónico y taurico.

Nucleosintesis: Se conoce con este nombre la creación de núcleos superiores a partir del hidrógeno que se inició en el *big bang*.

Principio antrópico: Propugna que las constantes de la naturaleza están ajustadas para permitir la vida y la inteligencia. El principio antrópico fuerte, propugna que se necesita una inteligencia de algún tipo para ajustar las constantes físicas de modo que permita la inteligencia. El principio antrópico débil establece que las constantes de la naturaleza deben ajustarse para permitir la inteligencia de otro modo no existiría. Las constantes de la naturaleza parecen estar bien ajustadas para permitir la vida incluso la consciencia. Para unos es señal de un creador, para otros es señal de un multiverso.

Principio de incertidumbre de Heisenberg: La precisión con que puede determinarse la posición y el momento de una partícula está limitado por el valor de la constante de Planck. La exactitud total de uno de estos parámetros implica la falta de precisión en el otro.

Principio de localidad: Sólo influimos en los objetos del Universo que podemos tocar, por eso el mundo nos parece local. La mecánica cuántica incluye acciones a distancia, no es local. La no-localidad o la posibilidad de afectar a algo sin tocarlos, es un fenómeno real.

Protón: Partícula cargada positivamente que junto a los neutrones forma los núcleos de los átomos.

Pulsar: Estrella de neutrones giratoria.

Quark: Partícula que compone el protón y el neutrón. Forma parte del modelo estándar.

Radiación cuerpo negro: Es la radiación emitida por un objeto caliente en equilibrio térmico con su entorno. Podemos calentar un objeto hueco, perforarlos con un pequeño agujero, la radiación emitida por el agujero será radiación de cuerpo negro.

Radiación del fondo cósmico de microondas: Es la radiación residual dejada por el *big bang* que circula por el Universo. La temperatura es de 2,7ºK , es decir, 2,7 grados por encima del cero absoluta.

Radiación de infrarrojos: Radiación de calor o electromagnética situada a una frecuencia ligeramente por debajo de la luz visible.

Salto cuántico: Cambio súbito en el estado de un objeto. Ejemplo son los electrones que dentro de un átomo realizan saltos cuánticos entre órbitas.

SETI: Del inglés «Search for Extra Terrestrial Intelligence» (Búsqueda de Inteligencia Extraterrestre)

Simetría: Los cristales de nieve, los círculos, el modelo quark, las cuerdas todos tienen simetría. Se cree que el Universo tenía una simetría antes del *big bang*, ahora su simetría se ha deteriorado con todas sus fuerzas separadas.

La supersimetría es la que intercambian fermiones y bosones.

Teoría de Kaluza-Klein: Es la teoría de Einstein formulada en cinco dimensiones. La teoría de Kaluza-Klein está incorporada a la teoría de Cuerdas.

Teoría de Cuerdas: Está basada en pequeñas cuerdas vibratorias y cada modo de vibración corresponde a una partícula subatómica. La teoría de Cuerdas combina gravedad con teoría cuántica y puede ser una candidata para una teoría del todo. Esta teoría sólo es coherente en diez dimensiones. Su última versión es la teoría M.

Teoría cuántica: La teoría cuántica se basa en tres principios: 1) la energía se encuentra en paquetes llamados «cuantos». 2) la materia se basa en partículas puntuales, pero la posibilidad de encontrarlas la da una onda que obedece a la ecuación de ondas de Schrödinger. 3)se necesita una medición para colapsar la onda y determinar el estado final de un objeto.

Teoría M: No es una teoría habitual, sino un conjunto de teorías. Se identifica en 11 dimensiones. Es una proposición que unifica las cinco teorías de las supercuerdas más la teoría de la supergravedad en 11 dimensiones. Cada teoría describe los fenómenos bajo determinadas condiciones, pero ninguno describe por sí sola cada aspecto del Universo.

Universos paralelos: Mantiene la idea que en vez de haber un solo Universo existe un número infinito de universos. Algunos cerca de nosotros a pocos milímetros, otros separados por largas distancias. Algunos con leyes iguales al nuestro, otros con diferentes. En algunos puede haber una copia nuestra que piensa que su realidad es la única realidad.

Vórtice: Estructura en forma de remolino.

Zona de Goldilocks: La estrecha banda de parámetros en la que la vida inteligente es posible. En esta banda el entorno es perfecto para la química y biología necesaria en la vida inteligente.

Por el mismo autor:

LOS GATOS SUEÑAN CON FÍSICA CUÁNTICA

Conozca los entresijos de la mecánica cuántica, uno de los más grandes avances del conocimiento humano en los últimos años.

LOS PÁJAROS SE ORIENTAN CON FÍSICA CUÁNTICA

Conozca la realidad de la mecánica cuántica, un nuevo paradigma que nos anticipa el futuro.

EL FUTURO YA ESTÁ AQUÍ

El nuevo mundo que está llegando y cómo prepararse para los cambios que conlleva. ¿Cómo se transformará nuestra sociedad en el próximo futuro?

CEREBRO 2.0

Desde los neurotransmisores y las smart drugs a las moléculas, que dopan la inteligencia y la memoria.

**INMORTAL:
la vida en un clic**

Initiative 2045. La inmortalidad cibernética y el camino que nos conduce al futuro.

PONGA UN ROBOT EN SU VIDA

El mundo de la robótica y la inteligencia artificial en la actualidad y en el futuro.